T0197215

Mathematik Kompakt

Herausgegeben von:
Martin Brokate
Heinz W. Engl
Karl-Heinz Hoffmann
Götz Kersting
Gernot Stroth
Emo Welzl

Die neu konzipierte Lehrbuchreihe *Mathematik Kompakt* ist eine Reaktion auf die Umstellung der Diplomstudiengänge in Mathematik zu Bachelor- und Masterabschlüssen. Ähnlich wie die neuen Studiengänge selbst ist die Reihe modular aufgebaut und als Unterstützung der Dozenten wie als Material zum Selbststudium für Studenten gedacht. Der Umfang eines Bandes orientiert sich an der möglichen Stofffülle einer Vorlesung von zwei Semesterwochenstunden. Der Inhalt greift neue Entwicklungen des Faches auf und bezieht auch die Möglichkeiten der neuen Medien mit ein. Viele anwendungsrelevante Beispiele geben dem Benutzer Übungsmöglichkeiten. Zusätzlich betont die Reihe Bezüge der Einzeldisziplinen untereinander.

Mit *Mathematik Kompakt* entsteht eine Reihe, die die neuen Studienstrukturen berücksichtigt und für Dozenten und Studenten ein breites Spektrum an Wahlmöglichkeiten bereitstellt.

Einführung in die Finanzmathematik

Hansjörg Albrecher
Andreas Binder
Philipp Mayer

Birkhäuser
Basel · Boston · Berlin

Autoren:

Hansjörg Albrecher
Radon Institute
Austrian Academy of Sciences
and Department of Financial Mathematics
University of Linz
Altenbergerstraße 69
4040 Linz
Österreich
email: hansjoerg.albrecher@ricam.oeaw.ac.at

Philipp Mayer
Institut für Mathematik
Technische Universität Graz
Steyrergasse 30/II
8010 Graz
Österreich
email: mayer@finanz.math.tugraz.at

Andreas Binder
MathConsult GmbH
Altenbergerstraße 69
4040 Linz
Österreich
email: binder@mathconsult.co.at

2000 Mathematical Subject Classification: 91B02, 91B28, 91B60, 91B70, 60J65

Bibliografische Information der Deutschen Bibliothek
Die Deutsche Bibliothek verzeichnet diese Publikation in der Deutschen Nationalbibliografie;
detaillierte bibliografische Daten sind im Internet über <http://dnb.ddb.de> abrufbar.

ISBN 978-3-7643-8783-9 Birkhäuser Verlag AG, Basel – Boston – Berlin

© 2009 Birkhäuser Verlag AG, Postfach 133, CH-4010 Basel, Schweiz
Ein Unternehmen der Fachverlagsgruppe Springer Science+Business Media

Gedruckt auf säurefreiem Papier, hergestellt aus chlorfrei gebleichtem Zellstoff. TCF ∞
Satz und Layout: Protago-TEX-Production GmbH, Berlin, www.ptp-berlin.eu
Printed in Germany

ISBN 978-3-7643-8783-9

9 8 7 6 5 4 3 2 1   www.birkhauser.ch

Inhaltsverzeichnis

Vorwort

Dieses Buch ist eine elementare Einführung in die Finanzmathematik, die besonderes Augenmerk auf die Verzahnung von Theorie und Praxis legt. So soll neben der Vermittlung einiger mathematischer Denkweisen und Lösungskonzepte auch die Sensibilität für die praktischen Fragestellungen und tatsächlich gehandelten Produkte am Finanzmarkt entwickelt werden. Neben Modellierungsaspekten ist auch die algorithmische Umsetzung der behandelten Lösungskonzepte ein zentrales Thema, und die damit verbundenen Herausforderungen werden immer wieder anhand von Fallbeispielen und Übungsaufgaben illustriert.

Der Band ist als Grundlage für eine einführende zwei- oder dreistündige Vorlesung für Studierende eines Bachelor-Studiums Mathematik konzipiert, sollte jedoch ohne größere Einschränkungen auch für andere Studiengänge verwendbar sein. Insbesondere hoffen wir, dass die Darstellungsweise auch dem Selbststudium zugänglich und etwa auch für Praktiker geeignet ist, die sich für Hintergründe zu Algorithmen und Modellannahmen interessieren, die in der Praxis eingesetzt werden.

Der Aufbau gliedert sich in 15 Kapitel bzw. Module, die etwa den üblichen 15 Semesterwochen entsprechen können und bis zu einem gewissen Grad auch unabhängig voneinander sind. Insbesondere ist es für DozentInnen bei Bedarf relativ einfach möglich, einzelne dieser Module auszuklammern, ohne die Lesbarkeit bzw. das Verständnis der anderen Kapitel zu beeinträchtigen. Umgekehrt sind die meisten Module als Kurzeinführung in das jeweilige Thema auch herausgelöst verwendbar, etwa als Ergänzung zu Kursen mit anderer Schwerpunktsetzung. Am Ende eines jeden Kapitels folgen Hinweise auf mögliche weiterführende Literatur (sowohl bezüglich theoretischer als auch praktischer Aspekte) und eine Reihe von Übungsaufgaben, die zum Teil Rechenbeispiele und zum Teil Beispiele zur Implementierung von Algorithmen sind. Einige Übungsaufgaben enthalten auch weiterführende Gedankengänge, die von Vortragenden auch in die Vorlesung aufgenommen werden können.

Ziel des Buches ist, trotz der gebotenen Kürze der Darstellung an Begriffe und Konzepte heranzuführen, die einerseits AbsolventInnen eines Bachelor-Studienganges beim Start einer Tätigkeit in der Finanzwirtschaft idealerweise beherrschen sollten bzw. andererseits LeserInnen für eine weiterführende und tiefliegendere Beschäftigung mit diesem Themenkreis (etwa im Rahmen eines Master-Studiums) motivieren. Naheliegenderweise gibt es bei einem derart begrenzten Umfang viele weitere Themen und Methoden, die im Rahmen dieses Einführungsbandes nicht behandelt werden können, jedoch sollten die themenspezifischen Hinweise auf ausführlichere und weiterführende (meist englischsprachige) Literatur hilfreich sein. Da eines der Hauptarbeitsgebiete der „typischen" FinanzmathematikerInnen in der Praxis (zumindest im deutschsprachigen Raum) die Arbeit mit Zinsrisiko darstellt, wird im Sinne einer Sensibilisierung der Studierenden für Fragestellungen der Praxis ein etwas stärkerer Fokus auf dieses Teilgebiet der Finanzmathematik gelegt als in sonstigen einführenden Texten üblich.

Für die Lektüre des Buches sind grundlegende Kenntnisse der Wahrscheinlichkeitstheorie und (in einigen Kapiteln) der Analysis hilfreich, jedoch haben wir versucht, möglichst wenig derartige Kenntnisse vorauszusetzen.

Wegen des Praxisbezugs ist die Verwendung bzw. Einführung von „Fach-Jargon" unumgänglich (bzw. sogar erwünscht, siehe oben), und so wird man im Laufe des Buches zahlreiche in der Praxis übliche Ausdrücke antreffen. Generell ist wegen der großen Bedeutung der anglo-amerikanischen Finanzmärkte der saloppe Wechsel zwischen deutschen und englischen Begriffen und das resultierende „Denglisch" nahezu unvermeidlich. Zur besseren Lesbarkeit sind neue Begriffe und ihre englischen Übersetzungen typischerweise kursiv gedruckt, während fettgedruckte Wörter jenen Begriffen vorbehalten sind, die ein neues Unterkapitel einleiten. Weiters sind erklärende zusätzliche Informationen des öfteren in Fußnoten zu finden, wie auch kurze biographische Bemerkungen für einige Persönlichkeiten, die die Entwicklung der Finanzmathematik entscheidend mitgeprägt haben. Um eine gewisse Balance bezüglich der Verwendung von männlichen und weiblichen Formen zu erreichen, gibt es während des gesamten Buches „die Emittentin" sowie „den Schuldner".

Zahlreiche algorithmische Aspekte werden in Beispielen mit Mathematica sowie mit dem Software-Paket UnRisk PRICING ENGINE (im folgenden: UnRisk) illustriert. UnRisk (www.unrisk.com) ist ein von der MathConsult GmbH seit 1999 entwickeltes kommerzielles Softwarepaket zur Bewertung von strukturierten und derivativen Finanzinstrumenten, das den StudentInnen mit dem Kauf des Buches für einen zeitlich begrenzten Rahmen kostenlos zur Verfügung gestellt wird. UnRisk läuft unter Windows und benötigt Mathematica als Plattform. Weitere Informationen, insbesondere die Beschreibung der nötigen Schritte zum Bezug der UnRisk-StudentInnenLizenzen und zur Installation finden sich auf der unten genannten Web-Page.

Als begleitendes Forum für dieses Lehrbuch haben wir die Web-Page

http://www.finmath-forum.at

eingerichtet, auf der einige Mathematica-Codes zu Übungsaufgaben zur Verfügung gestellt werden sowie auch eine aktualisierte Liste von (Druck-)Fehlern. Für entsprechende Hinweise freuen wir uns über Emails an die Adresse

feedback@finmath-forum.at

Für die Durchsicht und Anregungen zu Teilen des Manuskripts danken wir Markus Hahn, Dominik Kortschak, Gunther Leobacher, Martin Predota, Stefan Thonhauser und Volkmar Lautscham. Besonderer Dank gilt unseren Familien für die große Unterstützung und Rücksicht bei der Fertigstellung dieses Buches.

Linz und Graz,   Hansjörg Albrecher
Dezember 2008   Andreas Binder
                                                            Philipp Mayer

I Elementare Zinsrechnung, Zinskurven

Jeder von uns hat schon Erfahrungen mit Zinsen gemacht: Wenn man einen Kredit aufnimmt oder einen negativen Kontostand hat, muss man nicht nur die ausgeliehene Summe, sondern auch Zinsen dafür bezahlen, dass die andere Vertragspartei (die Bank) Geld zur Verfügung stellt, damit man das Haus, das Auto oder Konsumgüter zu einem Zeitpunkt kaufen kann, zu dem das eigene vorhandene Geld dafür nicht ausreicht.

Umgekehrt kann vorhandenes Geld einem Schuldner (der Bank, der Republik) zur Verfügung gestellt werden, damit dieser Ausgaben jetzt tätigen kann. Die klassische Bank nimmt dabei oft eine Vermittlerrolle (*Finanzintermediär*) ein.

■ 1
Zinsen, Zeitwert des Geldes

Stellt also ein Investor einem Schuldner einen Geldbetrag X zur Verfügung, so kann er erwarten, zusätzlich zum ursprünglich einbezahlten Betrag noch Zinsen (engl. *interest*) zu bekommen. Die Höhe dieser Zinsen in absoluten Zahlen hängt ab von der Nominale X, von der Laufzeit des Investments und davon, was der Schuldner (bzw. der Markt) zum Zeitpunkt des Vertragsabschlusses bereit ist, an Zinsen pro Geldeinheit zu bezahlen.

Unter der Annahme liquider Märkte und vollständiger Information müssten alle Schuldner unter den gleichen Rahmenbedingungen (Beginnzeit und Tilgungszeitpunkt, Nominale, Währung des Investments) gleich hohe Zinsen bezahlen. Dafür, dass dies nicht der Fall ist, gibt es einige Gründe:

- Das Kapital von Kleininvestoren ist oft nicht mobil genug, um geringfügig bessere Angebote anderer, möglicherweise unbekannter Anbieter sofort anzunehmen.
- Für gewisse Investments (in Österreich etwa: Wohnbauanleihen) gibt es kapitalertragssteuerliche Anreize für private Investoren.
- Der Hauptgrund liegt aber wohl darin, dass die Zinsen nicht nur die Marktkosten von Kapital, sondern auch das individuelle Bonitätsrisiko des Schuldners widerspiegeln müssen. Rechnet der Markt damit, dass ein Schuldner während des nächsten Jahres mit höherer Wahrscheinlichkeit seine Schulden nicht bedienen kann, dann wird dieser Schuldner für eine von ihm begebene Anleihe mehr Zinsen für dieses Jahr bezahlen müssen als ein erstklassiger Schuldner wie etwa die Bundesrepublik Deutschland (je schlechter die Bonität, desto höher der Aufschlag). Wir kommen auf eine Quantifizierung solcher Faktoren und allgemein auf

das Thema Kreditrisiko (d.h. Risiko des Ausfalls des Schuldners) noch in Kapitel XV zurück (bis dahin werden wir das Kreditrisiko aber außer Acht lassen).

Wird also zum Zeitpunkt t_0 (Einheit der Zeit: Jahre) der Betrag $B(t_0)$ (B wie „bank account") investiert, so verpflichtet sich der Schuldner bei einem vereinbarten jährlichen Zinssatz von R % (kurz: R % p.a.), ein Jahr später $B(t_0) \cdot (1+r)$ zurückzuzahlen (mit $r = R/100$). Der Geldwert B zum Zeitpunkt $t_0 + 1$ ist also

$$B(t_0 + 1) = B(t_0) \cdot (1 + r).$$

■ 2
Verzinsung von Anleihen, Datumskonventionen

Ist die Laufzeit des Investments länger als ein Jahr, so ist es üblich, dass zumindest jährliche Zahlungen der Zinsen (Kupons[1]) durch den Schuldner an den Gläubiger stattfinden[2].

Beispiel

Anleihebedingungen der österreichischen Bundesanleihe „2006-2016/2/144A (1.Aufstockung)" mit der Wertpapierkennnummer ISIN AT0000A011T9 (Quelle: Österreichische Kontrollbank)
Valutatag: 7. Juli 2006
Tilgungsdatum: 15. September 2016
erster Kupontermin: 15. September 2006
Laufzeit: 10 Jahre 70 Tage
Nominalzinssatz: 4 % p.a.
ACT/ACT; Feiertagskalender: TARGET
Schuldner: Republik Österreich
Emissionsvolumen: 1.65 Mrd EUR

Anleihen sind im Regelfall gestückelt (typisch sind Stückelungen zu 1000 EUR[3]) und können in Vielfachen von diesen 1000 EUR erworben werden. War nun am Tag der Emission dieser Anleihe das Zinsniveau für (etwas mehr als) zehnjährige Anleihen erstklassiger Schuldner niedriger als 4 % p.a., so stellte die angebotene Anleihe ein attraktives Investment dar und würde daher für ein Stück einen höheren Preis als 1000 EUR erzielen; war umgekehrt das Zinsniveau höher als 4 % p.a., so würde der erzielbare Preis pro Stück unter 1000 EUR liegen.

Die folgende Grafik (Quelle: Wiener Börse) zeigt die Kursentwicklung obiger Anleihe im Lauf des ersten Jahres (als Prozentsatz der Nominale).

---

[1] Zinszahlungen werden auch Kupons (engl. *coupons*) genannt, da früher (vor der Einführung der so genannten Sammelverwahrung) die Anleiheurkunden tatsächlich mit geldwerten „Kupons" versehen waren, die am Kupontag gegen Geld getauscht werden konnten.

[2] Es gibt aber durchaus auch Anlageprodukte, bei denen die Zinsen erst am Ende einer mehrjährigen Laufzeit ausbezahlt werden (siehe z.B. www.bundesschatz.at)

[3] Wir werden Währungen meist mit der im Bankenbereich üblichen Abkürzung anführen, für Euro also EUR, für US-Dollar USD etc.

4% Bundesanl. 06-16/2/14...   96.70   ▲0.31%

© Wiener Börse AG & Interactive Data, 14:58, 10.08.2007

Warum ist am Tag des ersten Kupons (15. September 2006) kein Kurssprung in der Höhe des Kupons zu bemerken (ein Gläubiger, der die Anleihe vor dem 15. September hält, bekommt ja noch einen Kupon, ein Gläubiger, der die Anleihe erst nach dem 15. September hält, nicht mehr)? Die Erklärung ist, dass Kurse von Anleihen, die an Börsen gehandelt werden, typischerweise „clean" quotiert werden, also bereinigt um *Stückzinsen* (engl. *accrued interest*). Dies sind die anteiligen Zinsen zwischen zwei Kuponzahlungen bzw. zwischen Emission und erster Kuponzahlung. Beim Kauf einer Anleihe über die Börse zahlt der Käufer den quotierten Kurs plus die Stückzinsen („Preis = Kurs + Stückzinsen" bzw. „dirty value = clean value + accrued interest").

Die Stückzinsen selbst werden nicht durch Handel ermittelt, sondern ergeben sich aus der Kuponhöhe und dem Anteil der bereits verstrichenen Zeit an der aktuellen Kuponperiode. Dieser Anteil wird über so genannte Datumskonventionen (engl. *day count conventions*) ermittelt.

Einige typische Datumskonventionen sind:

- „30/360": Jeder Monat wird mit 30 Tagen gezählt, das Jahr mit 360 Tagen. Zwischen 30. März und 4. April vergehen also 4 Tage, ebenso zwischen 28. Februar und 2. März.
- „ACT/365": (ACT wie *actual*) Die Tage werden genau so gezählt, wie sie sind. Für Kuponperioden, in die ein 29. Februar fällt, gibt es um 1/365 mehr Zinsen als sonst. Auch die Variante „ACT/360" ist in der Praxis üblich.
- „ACT/ACT": Hier werden auch im Nenner die Tage so gezählt, wie sie tatsächlich auftauchen. Im Fall der obigen Bundesanleihe (die mit ACT/ACT zählt) betrug daher der Kupon für die ersten 70 Tage: $4\% \cdot (70/365) = 0.767123\%$.

Der 15. September 2007 war ein Samstag. Hier kommen *business day conventions* ins Spiel. *Modified following* besagt, dass ein Kupon, der auf ein Wochenende oder einen Feiertag fällt, am nächstfolgenden Geschäftstag (hier also: am Montag) bezahlt wird (*following*), es sei denn, dieser Tag läge schon im nächsten Monat. Dann wird der Kupon am vorangegangenen Geschäftstag bezahlt (*modified*). Wenn die Kuponhöhe durch die Verschiebung auf den Montag unverändert bei 4 % bleibt, nennt sich das *unadjusted*, beträgt sie im konkreten Beispiel (367/365) · 4 %, dann *adjusted*.

Natürlich ist auch die Handhabung von Feiertagen zu regeln. Der im EUR-Raum übliche Feiertagskalender „TARGET" berücksichtigt keine regionalen oder nationalen Feiertage, sondern nur die Feiertage 1. Jänner, 1. Mai, 25. und 26. Dezember sowie die beweglichen Feiertage Karfreitag und Ostermontag.

■ 3
Zinsen und Zinseszinsen

Bekommt ein Investor für eine zehnjährige Anleihe am Ende jeden Jahres 4 % Zinsen, so ist dies ein attraktiveres Angebot als wenn er am Ende der 10 Jahre 40 % bekäme, da die Kuponzahlungen der Jahre 1 bis 9 ja wiederveranlagt werden können. Bei jährlicher Verzinsung mit einem fixen Zinssatz r ergibt sich offensichtlich nach n Jahren

$$B(t_0 + n) = B(t_0) \cdot (1 + r)^n.$$

Halbjährliche Verzinsung mit einem Zinssatz von R % p.a. ergibt, wenn man Tageszählkonventionen vernachlässigt,

$$B_{\text{halbjährlich}}(t_0 + n) = B(t_0) \cdot (1 + r/2)^{2n},$$

wobei wieder $r = R/100$. Verkürzt man nun die Kuponperioden immer weiter, so erhält man durch Grenzübergang die kontinuierliche Verzinsung (engl. *continuous compounding*)

$$B_{\text{kontinuierlich}}(t_0 + n) = \lim_{m \to \infty} B(t_0) \cdot (1 + r/m)^{mn} = B(t_0) \cdot \exp(rn).$$

Unter kontinuierlicher Verzinsung ist der Wert B des Bankkontos also eine Lösung der gewöhnlichen Differentialgleichung

$$\frac{dB(t)}{dt} = B(t) \cdot r$$

mit einer Anfangsbedingung zum Zeitpunkt t_0. In dieser Differentialgleichung muss r (die *Zinsintensität* oder *Zinsrate*) nicht konstant sein, sondern könnte auch vom Zeitpunkt t in deterministischer oder in zufälliger (*stochastischer*) Weise abhängen. Die Stochastik von Prozessen, die Finanzgrößen beschreiben, wird uns während des gesamten Buches begleiten.

■ 4
Variable Verzinsung, Libor und Euribor

Wenn sich Banken untereinander Geld leihen, dann passiert dies zu *Interbank Offering Rates*. Wenn dies in London passiert, dann zu *London Interbank Offering Rates*, kurz *Libor*. Solche Libor-Zinssätze gibt es etwa für 1, 3, 6 und 12 Monate und werden dann mit Libor1M, Libor3M etc. abgekürzt. Diese gibt es nicht nur für das britische

Pfund (GBP), sondern auch für den Dollar (USD), den Schweizer Franken (CHF) und natürlich viele andere Währungen. Für den Euro-Raum werden diese Sätze als *Euribor* bezeichnet[4]. Die folgende Grafik zeigt den Verlauf des Euribor3M (in % p.a.) von 1999 bis 2008 [5]:

Euribor3M, 1999 – 2008

Verleiht also eine Bank 1 Mio. EUR an eine andere Bank für ein Jahr, dann bekommt sie nach diesem Jahr dieses Kapital zurück (Tilgung) plus Euribor12M mal die Nominale von 1 Mio. EUR (Zinsen). Bei einem solchen Interbank-Geschäft wird der Zinssatz zu Beginn der jeweiligen Periode fixiert, nicht erst am Ende („fixing in advance").

Ein *Vanilla-Floater*[6] ist eine variabel verzinste Anleihe mit einer jährlichen, halbjährlichen oder vierteljährlichen Kuponfrequenz. Die jeweilige Kuponhöhe (bezahlt am Ende der jeweiligen Kuponperiode) ist dann gegeben durch das Produkt

Nominale × Interbank-Zinssatz für die Kuponperiode × dcf,

wobei dcf (engl. *day-count-fraction*) den nach der entsprechenden Tageszählkonvention ermittelten Anteil der Kuponperiode am Gesamtjahr bezeichnet.

Was ist ein angemessener Preis X (zu Beginn der Laufzeit) für einen Euribor Vanilla-Floater mit einer Laufzeit von zehn Jahren, jährlichen Kuponzahlungen und Nominale 1?   **Beispiel**

Es gibt die folgenden Zahlungsflüsse (engl. *cashflows*):

Zeitpunkt	Gläubiger zahlt	Schuldner zahlt
0	X	
1		Euribor12M (fixiert zum Zeitpunkt 0)
2		Euribor12M (fixiert zum Zeitpunkt 1)
..		..
9		Euribor12M (fixiert zum Zeitpunkt 8)
10		Euribor12M (fixiert zum Zeitpunkt 9) plus Tilgung in Höhe von 1.

---

[4]Konkret wird etwa der Euribor so bestimmt, dass aus den angebotenen Zinssätzen von (derzeit) 57 repräsentativen Banken, davon 47 aus der Eurozone, nach Eliminierung der höchsten und niedrigsten 15 % dieser Werte, der arithmetische Mittelwert gebildet wird.

[5]Quelle: Deutsche Bundesbank, www.bundesbank.de

[6]„Vanilla", weil dies ein gewöhnlicher Kontrakt ohne Besonderheiten ist, so wie Vanille-Eis die Standard-Eissorte zu sein scheint.

Nach Definition ist der Euribor12M (fixiert zum Zeitpunkt 9) genau jener Zinssatz, zu dem Banken für ein Jahr (nämlich von Zeitpunkt 9 auf 10) Geld verleihen. Also sind barwertig[7] die Geldflüsse des Jahres 10 zum Zeitpunkt 9 genau wieder die Nominale 1 wert. Induktiv ergibt sich dann, dass auch an jedem früheren Kupontag und insbesondere auch zu Beginn der Laufzeit der Wert des Floaters gleich der Nominale ist (also $X = 1$).

Die Überlegung im vorigen Beispiel liefert ganz allgemein:

Folgerung. *Unter Vernachlässigung des Kreditrisikos ist ein Vanilla-Floater zu Beginn der Laufzeit und an den Kupontagen genau die Nominale wert.*

Ein Vanilla-Floater hat also an den Kupontagen gar kein Kursrisiko (man weiß, dass er die Nominale wert ist) und dazwischen das einzige (Verlust-)Risiko, dass gegenüber dem letzten Kupon-Setztag die Marktzinsen stark gestiegen sind, was den Kurs drücken würde, da ja der nächste Kupon für die dann geltenden Marktumstände zu niedrig ist. Auf der Emittentenseite gilt natürlich das Umgekehrte.

■ 5
Yield, Duration und Convexity

Sind Cashflows (Zahlungen) C_i zu den Zeitpunkten t_i ($i = 1, .., N$) a priori bekannt, so ergibt sich bei kontinuierlicher Verzinsung mit fester Zinsintensität r für den *Barwert* zum Zeitpunkt t_0 (ohne Berücksichtigung von Datumskonventionen)

$$P(t_0) = \sum_{i=1}^{N} \exp(-r \cdot (t_i - t_0)) \cdot C_i. \tag{5.1}$$

Umgekehrt kann aus dem am Markt gehandelten Preis $P(t_0)$ der Anleihe und der a priori bekannten Höhe C_i der Cashflows zum Zeitpunkt t_i die im Markt implizite kontinuierliche Rendite r (engl. *yield*) als Lösung der obigen Gleichung bestimmt werden. Für gegebene Zeitpunkte t_i und Höhen C_i der Cashflows werden die Abbildungen

$$P(t_0) \to r \qquad \text{und} \qquad r \to P(t_0)$$

auch *Price-To-Yield-Funktion* bzw. *Yield-To-Price-Funktion* genannt.

Lemma

Für $t_i > t_0$ und $C_i \geq 0$ ($i \geq 1$) sowie $C_i > 0$ für mindestens ein $i \geq 1$ gibt es zu jedem positiven Marktpreis $P(t_0)$ eine eindeutig bestimmte kontinuierliche Rendite $r \in \mathbb{R}$.

---

[7]Der *Barwert* ist allgemein jener Wert, den zukünftig anfallende Zahlungsströme in der Gegenwart besitzen.

Beweis. Für $r \to \infty$ geht der Barwert der Anleihe gegen 0, umgekehrt geht der Barwert für $r \to -\infty$ gegen ∞. Wegen der Stetigkeit in r folgt somit die Existenz aus dem Zwischenwertsatz und die Eindeutigkeit aus der Monotonie in r. $\qquad\square$

Für $r = 0$ ergibt sich als Barwert die Summe der Cashflows. Es folgt also sofort: Liegt unter obigen Voraussetzungen der Preis einer Anleihe echt unter der Summe der Cashflows, so ist die kontinuierliche Rendite positiv.

Nun ist man an der Auswirkung einer Änderung des Abzinsungsfaktors r auf den Preis einer Anleihe interessiert. Hierzu betrachtet man die Ableitung

$$\frac{\partial P(t_0)}{\partial r} = -\sum_{i=1}^{N} \exp(-r \cdot (t_i - t_0)) \cdot C_i \cdot (t_i - t_0).$$

Dieser Ausdruck hat neben der Interpretation als Sensitivität des Anleihenpreises eine weitere, in der Praxis häufig verwendete, Funktion:

Die *Macaulay Duration* D einer Anleihe mit Barwert $P(t_0)$ und Yield r ist definiert als

Definition

$$D := -\frac{1}{P(t_0)} \frac{\partial P(t_0)}{\partial r}.$$

Aus der Darstellung

$$D = \sum_{i=1}^{N} (t_i - t_0) \left(\frac{\exp(-r \cdot (t_i - t_0)) \cdot C_i}{P(t_0)} \right)$$

wird klar, dass in der Macaulay Duration der (barwertige) Anteil des i-ten Cashflows am Barwert $P(t_0)$ mit der Zeit $(t_i - t_0)$ bis zu diesem Cashflow gewichtet wird bzw. umgekehrt, dass D eine Konvexkombination der Restlaufzeiten $(t_i - t_0)$ ist. Die Macaulay Duration kann also als barwertige Durchschnittsdauer des Investments interpretiert werden. Steigen Anleiherenditen (d.h. r), dann sind spätere Cashflows anteilig weniger wert und die Macaulay Duration wird tendenziell kürzer werden. Bei *Nullkupon-Anleihen* (engl. *zero coupon bonds*), die keine Kupons auszahlen und somit nur einen einzigen Cashflow (die Tilgung) am Ende der Laufzeit aufweisen, ist die Macaulay Duration genau die Restlaufzeit der Anleihe. Die Sensitivität der Duration auf Veränderungen von r kann mit folgender Größe untersucht werden:

Die *Convexity* C einer Anleihe mit Barwert $P(t_0)$ und Yield r ist definiert als

Definition

$$C = \frac{1}{P(t_0)} \frac{\partial^2 P(t_0)}{\partial r^2}.$$

Aus einer Taylor-Approximation für den Barwert nach r ergibt sich sofort

$$\frac{\Delta P}{P}(t_0) = -D \cdot \Delta r + \frac{1}{2} C \cdot (\Delta r)^2 + \cdots,$$

wobei ΔP der Differenz der Yield-To-Price-Funktionen mit $r + \Delta r$ bzw. r entspricht. Wir werden in Kapitel XIII bei der Bewertung von exotischen Zins-Instrumenten noch näher auf die Duration eingehen.

■ 6
Zinskurven

Formel (5.1) für den Barwert einer Anleihe hat angenommen, dass die Zinsintensität für alle Zeithorizonte gleich r ist, also eine „flache Zinskurve" vorliegt. Tatsächlich ist die Höhe von Zinsen aber nicht nur abhängig vom Zeitpunkt, zu dem sie fixiert bzw. vereinbart werden, sondern auch von der Laufzeit der jeweiligen Zinsvereinbarung. Typischerweise sind Zinsen, die für einen längeren Zeithorizont gelten, tendenziell höher als Zinsen für kurze Laufzeiten. Abb. 6.1 zeigt die laufzeitabhängigen EUR-Zinssätze (die sog. *Zinsstrukturkurve* oder engl. *term structure* bzw. *zero curve*) auf Einzel-Cashflows (impliziert durch den Preis von Nullkupon-Anleihen) der Jahre 2000 bis 2008.

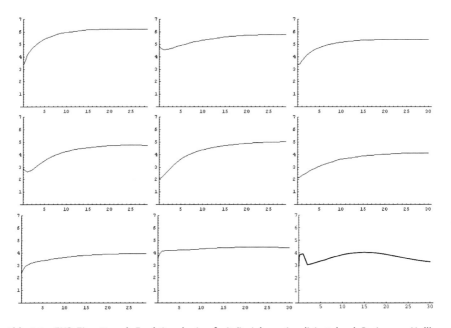

Abb. 6.1. EUR-Zinssätze als Funktion der Laufzeit (in Jahren, impliziert durch Preise von Nullkupon-Anleihen) 2000–2008 (von links nach rechts, jeweils Ende Jänner; rechts unten Dezember 2008). Datenquelle: Österreichische Nationalbank.

Die Zinssätze für verschiedene Laufzeiten können also stark variieren. Falls nun zu einem bestimmten Zeitpunkt t_0 Cashflows C_i zu den Zeitpunkten t_i bekannt sind, kann man, falls verfügbar, aus der aktuellen Zinskurve den jeweiligen Abzinsungsfaktor $r(t_0, t_i)$ ablesen, und somit ergibt sich (in Verallgemeinerung zur Formel (5.1)) der Barwert dieser Zahlungen (bei Annahme kontinuierlicher Verzinsung und ohne Berücksichtigung von Datumskonventionen) zu

$$P(t_0) = \sum_{i=1}^{N} \exp(-r(t_0, t_i) \cdot (t_i - t_0)) \cdot C_i.$$

In Kapitel IX werden wir einige Modelle für solche Zinskurven diskutieren.

■ 7
Literaturhinweise und Übungsaufgaben

Anschauliche detailliertere Einführungen zu diesem Themenkreis sind z.B. in Hull [34] und Wilmott [63] zu finden. Aktuelle Zinskurven kann man auf Homepages von Börsen downloaden, zum Beispiel `http://www.deutsche-boerse.com`, `http://www.swx.com`, `http://www.wienerborse.at`, siehe auch Homepages der Zentralbanken (wie etwa `http://www.bundesbank.de`, `http://www.oenb.at`, `http://www.snb.ch`, `http://www.ecb.int`).

Übungsaufgaben

I.1. *Berechnen Sie den Zeitpunkt, an dem sich ein Kapital K bei (a) jährlicher, (b) monatlicher, (c) stetiger Verzinsung verdoppelt hat, wobei r der jährliche Zinssatz ist. Bestimmen Sie auch Zahlenwerte für r = 0.05.*

I.2. *Ein edler und gut betuchter Spender beschließt angesichts seiner Affinität zu Zahlen eine Stiftung einzurichten, die – ähnlich dem Nobelpreis – jährlich die herausragendste mathematische Leistung würdigen soll. Berechnen Sie das notwendige Einlagekapital, um bei jährlicher Verzinsung von 7 % eine Dotation der Höhe 1 Mio. Euro vom nächstem Jahr an für die nächsten (a) 10 Jahre, (b) 100 Jahre und (c) auf ewig zu garantieren.*

I.3. *Weit verbreitet ist neben der Macaulay Duration auch der Begriff der* Modified Duration. *Diese ist ebenfalls über die Sensitivität des Barwertes einer Anleihe bezüglich des Abzinsungsfaktors definiert, allerdings wird hierbei von einer diskreten (normalerweise jährlichen) Verzinsung ausgegangen und somit in der Yield-To-Price-Funktion statt* $\exp(-r(t_i - t_0))$ *der Abzinsfaktor* $(1 + r)^{-(t_i - t_0)}$ *verwendet. Leiten Sie die Formel für die resultierende Modified Duration her.*

Aufgaben mit Mathematica und UnRisk
I.4.
(a) *Verwenden Sie die Befehle* `MakeFixedRateBond` *und* `CashFlows`, *um die genauen Tage und Höhen der Cash-Flows der in Abschnitt 2 beschriebenen Bundesanleihe (mit ACT/ACT Datumskonvention) zu bestimmen.*
(b) *Plotten Sie unter Zuhilfenahme des Befehls* `MakeYieldCurve` *und* `Valuate` *für jeden Zeitpunkt der Laufzeit den „dirty value" und „clean value" dieser Anleihe unter Annahme eines konstanten jährlichen Zinssatzes von 5 % (vgl. Abb. 7.2).*

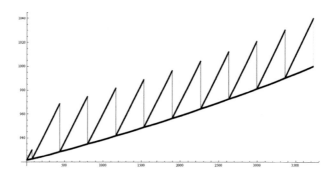

Abb. 7.2. Dirty und clean value bei konstantem jährlichen Zinssatz 5 %.

(c) Testen Sie die Sensitivität dieser Kurven, wenn sich der konstante jährliche Zinssatz auf 4 % bzw. 6 % ändert.
(Für Mathematica 6.0: Implementieren Sie einen Schieberegler für r!)
(d) Testen Sie Veränderungen der Kurven bei Verwendung der Datumskonvention 30/360.
(e) Nehmen wir an, dass sich der Abzinsungsfaktor ab dem Jahr 2006 gemäß der Formel

$$r(2006 + t_0; T) = \frac{2 + 3\exp(-t_0/5)}{100}$$

entwickelt, aber im jeweiligen Zeitpunkt $2006 + t_0$ konstant ist. Wie sieht dann der Plot der Dirty und Clean Preise der Bundesanleihe der Teilaufgabe (b) aus? [8]

I.5. Konstruieren Sie mit Hilfe von UnRisk für $r = 0.04$ durch Wahl der Nominale und des Tilgungszeitpunktes eine Nullkupon-Anleihe, die den gleichen Preis, den gleichen Yield und die gleiche Duration hat wie die in Abschnitt 2 beschriebene Bundesanleihe (mit ACT/ACT Datumskonvention) und illustrieren Sie, dass die Convexity dann unterschiedlich ist. Plotten Sie die beiden Yield-To-Price Funktionen für $r \in [0.01, 0.1]$ (vgl. Abb. 7.3).

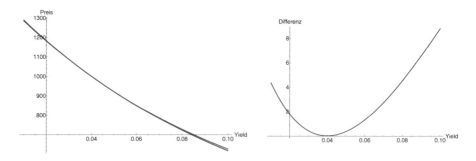

Abb. 7.3. Yield-to-Price Funktion für Bundesanleihe (Kap. 2) und Nullkupon-Anleihe (links) und Differenz der beiden Funktionen (rechts).

---

[8] Auf hier implizit verwendete Forwardzinssätze werden wir in Kapitel IX zurückkommen.

II Finanzinstrumente: Underlyings und Derivate

■ 8
Primärgüter

Anleihen

In Kapitel I haben wir bereits Anleihen als wichtige Finanzgüter (engl. *assets*) kennengelernt. Die Emittentin begibt im Normalfall eine Anleihe, um Liquidität zu bekommen, und bezahlt dafür Zinsen und am Ende der Laufzeit den Nominalbetrag zurück. In der Bilanz der Emittentin scheint die Anleihe auf der Passivseite auf, beim Investor auf der Aktivseite. Der Investor muss diese Anleihe nicht direkt bei der Emittentin kaufen, sondern kann während der Laufzeit an einer Börse weitere Stücke kaufen oder Stücke aus seinem Besitz verkaufen. Die Börse fungiert dabei als Vermittlerin zwischen kauf- und verkaufswilligen Anleiheinvestoren. Börsen sind also – vereinfacht gesprochen – Marktplätze für Finanzinstrumente. Was wird noch an Börsen gehandelt?

Aktien

Aktien sind Anteile an einer Aktiengesellschaft. Im Normalfall besitzt ein Aktionär mit der Aktie insbesondere die folgenden Rechte:

- Recht auf Anteil am Bilanzgewinn (der in Form von Dividenden ausgeschüttet wird),
- Recht der Teilnahme an der Hauptversammlung, Rederecht und Stimmrecht in der Hauptversammlung. Damit verbunden sind Rechte der Auskunft durch den Vorstand, Anfechtungsrechte und Rechte der Antragsstellung,
- Recht auf den Bezug junger Aktien,
- Recht auf Anteil am Liquidationserlös.

Aktiengesellschaften müssen nicht notwendigerweise an Börsen notieren (ihre Aktien also an Börsen gehandelt werden). Börsennotierte Aktiengesellschaften zeichnen sich normalerweise durch einen signifikanten Anteil an Streubesitz aus. Das ist jener Anteil des Aktienkapitals, der auf „viele Eigentümer verstreut" ist, und an der Börse frei gehandelt wird. Übersteigt der Kapitalanteil eines Investors (oder eines Investorensyndikats) an einer Aktiengesellschaft eine (von der Börse abhängige) Streubesitzschranke (etwa: Ansteigen des Anteils über 5 %), dann gilt dieser Anteil nicht mehr als frei handelbar und wird als Festbesitz bezeichnet. Ein derartiger

Anstieg muss den Aufsichtsbehörden gemeldet werden. Börsennotierte Aktiengesellschaften müssen außerdem strengere Publizitätsvoraussetzungen (etwa: im Bereich der Quartalsabschlüsse und der Bilanzierungsvorschriften) erfüllen.

Um einen gesamten Aktienmarkt (also etwa den deutschen Aktienmarkt oder den japanischen) einfach beschreiben zu können, werden so genannte *Aktienindizes*, die eine Linearkombination der Preise ausgewählter Börsentitel sind, berechnet. Dies kann entweder von der Börse selbst erfolgen, wie beim ATX, DAX und SMI (dies sind die Abkürzungen für den österreichischen, deutschen bzw. Schweizer Aktienindex), oder von Informationsanbietern, wie dies beim amerikanischen S&P 500 (bestehend aus 500 Titeln) oder beim Dow Jones Industrial Average Index (bestehend aus 30 Unternehmen) der Fall ist.

Wechselkurse

Auf dem Währungsmarkt (Foreign Exchange Market, FX Market) werden Währungen bzw. auf (andere) Währungen lautende Forderungen (sog. *Devisen*) gehandelt. Dieser Devisenmarkt findet nicht an bestimmten Börsen statt, sondern durch den Handel im Interbankengeschäft. Ein *Trade* im Devisenhandel besteht immer aus einem Währungspaar, also etwa einem Tausch von 1 Million EUR gegen 1.5 Millionen Schweizer Franken. Die derzeit (2008) am aktivsten gehandelten Währungen sind USD, EUR, JPY, GBP und CHF. Der durchschnittliche Tagesumsatz auf dem Währungsmarkt beträgt (2008) ca. 3000 Milliarden US-Dollar.

Die folgende Grafik[1] zeigt die Entwicklung des Wechselkurses zwischen EUR und USD zwischen 1999 und 2008:

EUR/USD, 1999 - 2008

Rohstoffe

Auch Rohstoffe (engl. *commodities*) werden an Börsen gehandelt, etwa: Erdöl (in verschiedenen Sorten), Erdgas, Kohle, Elektrizität, Metalle und Edelmetalle, Agrargüter (z.B. Soja, Weizen, Mais, Lebendrind, Schweinebäuche) oder so genannte *Soft Commodities* (Kaffee, Kakao, Zucker, Baumwolle, Orangensaft). Dabei wird der Großteil des Volumens nicht auf dem Kassamarkt (engl. *spot market*), bei dem mit dem Abschluss des Handels auch die Verfügungsgewalt über das Gut auf den Handelspartner übergeht, gehandelt, sondern auf dem Terminmarkt: So verpflichtet sich die eine Handelspartei etwa, im Monat November stündlich 10 Megawattstunden Elektrizität

---

[1]Quelle: www.bundesbank.de

zu liefern, und die andere Partei verpflichtet sich, diese Elektrizitätsmenge zu einem jetzt vereinbarten Preis abzunehmen. Wir kommen auf derartige Verträge in Abschnitt 10 zurück.

■ 9
Derivate

Finanzgüter, deren Wert von der Entwicklung eines Primärgutes (des *Underlyings*) abhängt, heißen Sekundärgüter oder derivative (abgeleitete) Finanzgüter[2]. Derivate, die eine Wahlmöglichkeit beinhalten, nennt man *Optionen*. Die Analyse und die Preisbestimmung von solchen Rechten, die man auch als Eventualforderungen (engl. *contingent claims*) bezeichnet, ist eine der Hauptaufgaben der modernen Finanzmathematik.

Derivate können standardisiert sein und an Börsen gehandelt werden, oder aber speziell auf die Bedürfnisse eines Vertragspartners zugeschnitten sein und außerhalb der Börse (engl. *over-the-counter, OTC*) gehandelt werden.

Was macht Derivate zu attraktiven Produkten? Wer hat ein Interesse, damit zu handeln? Wir führen hier zwei mögliche Motivationen an:

- **Hedging:** Betrachten wir folgendes Beispiel. Ein Export-Unternehmen, das eine Anlage in Amerika errichtet, diese Anlage in Dollar (nach Fertigstellung) in Rechnung stellt, wobei die Kosten aber hauptsächlich in EUR anfallen, trägt das Risiko, dass der Wechselkurs zwischen USD und EUR zum Zeitpunkt der Abnahme ein anderer (ungünstigerer) ist als zum Zeitpunkt der Bestellung. Um dieses Risiko zu reduzieren oder zur Gänze auszuschließen, kann der Exporteur ein FX-Termingeschäft eingehen, mit dem der zukünftige Wechselkurs für eine festgelegte Betragshöhe fixiert wird. Das Eliminieren von Risiko durch (ein Portfolio von) Finanzgüter(n)[3] nennt man *Hedging*. Wesentlich dabei ist, dass das Währungsrisiko weder vom amerikanischen Kunden noch vom europäischen Lieferanten getragen werden muss, sondern eben von der Gegenpartei des FX-Termingeschäfts, im Normalfall einer Bank.

- **Spekulation:** Marktteilnehmer haben eine gewisse Einschätzung der zukünftigen Entwicklung des Marktes, in dem sie handeln. So könnte die Gegenpartei des obigen Währungsforwards annehmen („spekulieren"), dass der Dollar gegenüber dem EUR zum Zeitpunkt der Kontrakterfüllung um 10 Prozent stärker sein wird und dieses Risiko übernehmen, um vom veränderten Wechselkurs zu profitieren. Der Handel mit Derivaten ermöglicht allgemein, auf bestimmte Preisentwicklungen des Underlyings zu spekulieren, und das mitunter auf effizientere Weise als mit Positionen im Underlying selbst (vgl. Abschnitt 12).

  In einer wohlhabenden Gesellschaft kann man nicht nicht spekulieren. Bei der (Kredit)Finanzierung eines Hauses muss man sich entscheiden, ob man Teile davon in Fremdwährungskrediten finanziert, ob man variable oder fixe Verzinsung wählt, ob man im Fall einer variablen Verzinsung eine Zinsobergrenze

---

[2] Das Underlying für ein Derivat kann allgemeiner selbst auch schon ein Derivat bzgl. eines anderen Primärguts sein.

[3] Im Beispiel ein sog. *Fremdwährungs-Forward-Kontrakt*.

eingezogen haben möchte, etc. Im kleinen Rahmen ist sogar die Entscheidung für oder gegen eine lange Vertragsbindung bei einem Mobiltelefonnetzbetreiber eine Frage der Markteinschätzung und letztlich spekulativ.

■ 10
Forwards und Futures

Am Kassamarkt werden Leistung und Gegenleistung (Geld gegen Fremdwährung, Geld gegen Aktie, Geld gegen Kupfer) direkt oder innerhalb weniger Tage getauscht. Es gibt aber auch die Möglichkeit, diesen Austausch für einen zukünftigen Zeitpunkt zu vereinbaren. Ein derartiger Vertrag ist ein einfaches Beispiel für ein Derivat, das keine Option ist, und wird *Forward* genannt. Konkret definiert ein Forward die Pflicht, ein Gut (also z.B. eine Aktie) zu einem bestimmten Zeitpunkt T in der Zukunft für einen jetzt vereinbarten Preis K zu kaufen (bzw. für den Vertragspartner: zu verkaufen). Die finanzielle Transaktion (also die Bezahlung) findet dabei ebenfalls zu jenem Zeitpunkt T statt. Offenbar hängt der Forward-Preis K vom Wert des zugrunde liegenden Gutes ab (für $T = 0$ muss beispielsweise K der heutige Wert des Gutes sein). Wir kommen später noch genauer auf die Bestimmung von K zurück (es wird sich herausstellen, dass K eindeutig bestimmt ist). Forwards gibt es nicht nur für Aktien, sondern auch (in bedeutendem Maße) für Zinsinstrumente.

Im Unterschied zum immer OTC-gehandelten Forward werden auf *Futures-Märkten* (oder Terminkontraktmärkten) *standardisierte* Kontrakte vom Forward-Typ gehandelt, die dann *Futures* genannt werden. Die börsenmäßige Standardisierung und Normierung auf gewisse Volumina oder Fälligkeitstage bringt zusätzliche Liquidität für die Terminbörsen. So werden etwa an der European Energy Exchange (in Leipzig) Terminkontrakte unter anderem für Elektrizität gehandelt. Die eine Handelspartei kauft, die andere liefert dabei beispielsweise einen Monat (oder ein Kalenderjahr) in der Zukunft stündlich eine Megawattstunde zu einem fixierten Preis. Die eigentliche finanzielle Abwicklung erfolgt aber (anders als bei Forwardgeschäften) immer durch das Clearinghouse als zentrale Handelspartei[4]. Da Futures-Kontrakte oft eine relativ lange Laufzeit von mehreren Jahren haben können und während dieser Zeit Kursschwankungen nicht nur auf dem Kassamarkt, sondern daraus induziert auch auf dem Futures-Markt auftreten, werden täglich Gewinne/Verluste aus laufenden Futures-Kontrakten berechnet und auch getilgt (zur Absicherung der Marktteilnehmer müssen Margen hinterlegt und im Fall größerer Verluste aufgestockt werden)[5].

Der überwiegende Großteil (98 %) von Futures wird nicht durch *physical delivery* erfüllt (dass also die Tonne Kakaobohnen geliefert würde), sondern durch *financial settlement* (d.h. Ausgleichszahlungen).

---

[4]Zur Zeit (2008) ist LCH.Clearnet (www.lchclearnet.com) das größte Clearinghouse Europas.
[5]Wegen dieser tägliche Abrechnung können dann Future- und Forwardpreise bei (in der Realität vorhandenen) stochastischen Zinsraten unterschiedlich sein.

■ 11
Swaps

Swaps sind Kontrakte zwischen zwei Parteien, bei denen Geldflüsse getauscht werden[6]. Swaps sind so gut wie immer auf die speziellen Bedürfnisse eines oder beider Handelspartner abgestimmt und nicht börsennotiert, sondern werden OTC-gehandelt. Mit einem Swap kann ein Vertragspartner mögliche relative Kostenvorteile des anderen Vertragspartners bezüglich der Finanzierung eines bestimmten Risikos nutzen[7]. Die meisten Swaps werden auf der Basis eines *Swap Master Agreement* der *International Swaps and Derivatives Association*[8] abgeschlossen. Betrachten wir als einfachen Vertreter dieser Derivate einen Vanilla Interest Rate Swap anhand eines konkreten Beispiels:

10-jähriger Vanilla Interest Rate Swap. Laufzeit: 25. April 2008 bis 25. April 2018   Beispiel
Nominale und Währung: 8 000 000 EUR
Partei A bezahlt und Partei B empfängt: halbjährlich Euribor6M, fixing in advance (ACT/360)
Partei B bezahlt und Partei A empfängt: jährlich 5.187 % (30/360).

Die Partei, die in einem Vanilla Interest Rate Swap den fixen Zinssatz bezahlt, ist der *Payer*. Der Swap aus obigem Beispiel ist also für B ein Payer Swap, für A ein *Receiver Swap*.

Die jeweiligen Cashflows (von A an B oder umgekehrt) werden auf die Nominale berechnet, ohne dass die Nominale selbst getauscht wird. Es ist Marktkonvention, dass im EUR die fixen Cashflows jährlich bezahlt werden, im USD halbjährlich. Für die Euribor / Libor Cashflows gibt es Varianten, basierend auf 3M und 6M, nur selten auch 12M. In Vanilla Swaps entsprechen die Kuponperioden des variablen Zinssatzes genau den jeweiligen Laufzeiten.

Jeder noch so komplizierte Swap besteht aus zwei Zahlungsströmen, die *Legs* genannt werden. Der Euribor6M-Zahlungsstrom des obigen Beispiels heißt *Floating Leg*, der Zahlungsstrom der fixen Zahlungen *Fixed Leg*. Bei komplizierteren Swap-Kontrakten ist im Normalfall einer der Legs ein Vanilla Floating Leg, während das zweite Leg beliebig kompliziert sein kann und ab einem gewissen Komplexitätsniveau *strukturiert* genannt wird (in Kapitel XIII werden wir auf solche kompliziertere Instrumente näher eingehen).

Der Wert eines Swaps (aus der Sicht der Partei A oder B) ändert sich im Lauf der Zeit und unter veränderlichen Marktbedingungen. Die Fixzinssätze in Vanilla Interest Rate Swaps werden im Normalfall so bestimmt, dass die Zahlungsströme beider Parteien zu Beginn den gleichen Barwert haben, der Swap also den Wert 0 hat (und dieser Fixzinssatz heisst dann *Swaprate* oder *Swapsatz*). Wäre dies in obigem Beispiel der Fall, dann wäre am 25. April 2008 die „Euro-10-Jahres-Swaprate" 5.187 % gewesen.

---

[6]to swap = tauschen
[7]So kann beispielsweise eine Bank eine vom Kunden gewünschte Kredit-Struktur auch tatsächlich anbieten und jenen Teil des (Zins-)Risikos, den sie dabei nicht selbst übernehmen will, an eine andere Bank „wegswapen", die an der Übernahme dieses Risikos interessiert ist.
[8]ISDA, www.isda.org

Vanilla Interest Rate Swaps sind – nicht zuletzt durch die ISDA-Standardisierung und veröffentlichte Swapsätze (wie z.B. den ISDAFIX) – außerordentlich liquide Instrumente.

Abweichend von der Regel sind auch Vereinbarungen möglich, die einen von Null verschiedenen Wert zum Zeitpunkt des Vertragsabschlusses haben; in diesem Fall wird dann eine so genannte *Upfront-Zahlung* geleistet. Ebenso ist es möglich, dass die Nominale während der Laufzeit zunimmt (*akkretierender Swap*) oder abnimmt (*amortisierender Swap*). Letzteres ist beispielsweise bei Tilgungsstrukturen für Kredite von Bedeutung.

■ 12
Optionen

Eine Option ist ein Recht (aber nicht die Pflicht!), eine zugrundeliegende Aktie (oder allg. ein Asset) zu einem bestimmten Zeitpunkt T zu einem bestimmten Preis K zu kaufen bzw. zu verkaufen. Dieser Preis K wird *Ausübungspreis* (engl. *strike-price* oder einfach *strike*) genannt und T heißt das *Verfallsdatum* (bzw. auch *Laufzeit*) (engl. *expiry*). Man unterscheidet Call-Optionen von Put-Optionen, wobei sich die Namensgebung immer auf die Situation des Käufers der Option bezieht. Ein *Put* ist das Recht, eine Aktie zu verkaufen[9]. Umgekehrt ist ein *Call* das Recht, eine Aktie zu kaufen.[10] Der Käufer der Option geht in der Sprache der Finanzmärkte eine *long position* ein, der Verkäufer eine *short position*.

Der *Payoff* einer Option ist ihr Wert zum Zeitpunkt der Ausübung. Im Falle einer Call-Option mit Ausübungspreis K auf eine Aktie mit Preis S_T zum Zeitpunkt T ist der Payoff C_T für den Käufer gleich $S_T - K$, falls $S_T > K$ und 0, falls $S_T \leq K$ (denn dann kann die Aktie ja billiger direkt auf dem Markt gekauft werden), also

$$C_T = \max(S_T - K, 0) = (S_T - K)^+.$$

Für den Payoff P_T eines Puts gilt entsprechend $P_T = (K - S_T)^+$ (vgl. Abb. 12.1).

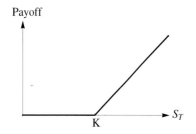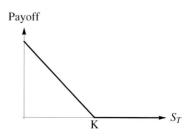

Abb. 12.1.   Payoff einer Call- (links) bzw. einer Put-Option (rechts) mit Ausübungspreis K als Funktion des Aktienpreises S_T.

---

[9]auf den Markt zu werfen, engl. *to put it on the market*

[10]Als standardisierte Kontrakte wurden Calls erstmals 1973 in Chicago an der CBOE (Chicago Board Options Exchange) gehandelt, Puts seit 1977. Heute werden Optionen an weltweit über 50 Börsen gehandelt. Wichtige europäische Optionenbörsen sind etwa die EUREX (http://www.eurexchange.com) und die LIFFE (http://www.liffe-commodities.com/).

Leverage (Hebel)-Effekt von Optionen.   Sei $S_0 = 100$ EUR der heutige Aktienpreis, und eine Call-Option auf die Aktie mit Strike $K = 120$ EUR und Verfallsdatum T koste 5 EUR. Gegeben man erwartet bis zum Zeitpunkt T einen Anstieg des Aktienpreises. Wie kann man davon profitieren?   Beispiel

(a) Kaufe heute die Aktie: Falls z.B. tatsächlich $S_T = 130$ EUR, dann hat man 30 % Gewinn auf die Investition gemacht.

(b) Kaufe stattdessen heute die Call-Option: Falls $S_T = 130$ EUR, übe die Option aus und kaufe die Aktie zum Zeitpunkt T um 120 EUR. Verkaufe die Aktie sofort wieder zum Marktpreis und realisiere somit den Gewinn von 10 EUR, das sind 100 % Gewinn auf die Investition![11]

Dies ist der *Hebel-Effekt* der Option gegenüber der Aktie selbst. Bei Strategie (b) geht man allerdings auch das Risiko ein, dass der Gewinn durch die Option 0 ist (wenn nämlich $S_T < K$), es ist dann also die gesamte Investition verloren. Analog kann man bei fallenden Aktienkursen durch Put-Optionen mit Hebel (Leverage)-Effekten profitieren.

Die oben beschriebenen Optionen dürfen nur am Verfallsdatum ausgeübt werden; solche Optionen nennt man *europäische Optionen*. Es werden auch Optionen gehandelt, die zu jedem Zeitpunkt bis zur Fälligkeit ausgeübt werden dürfen, diese nennt man *amerikanische Optionen*. Falls die Option nur an gewissen Stichtagen während der Laufzeit ausgeübt werden darf, handelt es sich um eine *Bermuda Option*.

Zusätzlich zu Optionen (die an Börsen gehandelt werden), gibt es noch Optionsscheine, die von Marktteilnehmern emittiert werden[12]. Am OTC Markt sind den Spezifikationen des Options-Payoffs im Prinzip keine Grenzen gesetzt. Alle Optionen, die nicht vom Standard-Typ („*Vanilla*") sind, werden typischerweise als *Exotische Optionen* bezeichnet und können je nach spezifiziertem Ausübungszeitpunkt jeweils wieder vom europäischen, amerikanischen oder Bermuda-Typ sein. Beispiele solcher exotischer Optionen sind:

- *Asiatische Optionen:* Die Aktie darf zur Fälligkeit zum Mittelwert des Aktienpreises bis zur Fälligkeit verkauft werden (bzw. in einer anderen Variante wird der Strike fixiert und der Payoff ist die Differenz zwischen dem Mittelwert des Aktienpreises und dem Strike, falls diese Differenz positiv ist und 0 sonst). Durch die Mittelwertbildung wird die Wirkung von Höhen und Tiefen im Verlauf des Underlyings gedämpft.
- *Barrier-Optionen*: In diesem Fall hängt der ansonsten europäische Payoff noch davon ab, ob der Aktienpreis während der Laufzeit einen bestimmten Wert (die Barrier) über- bzw. unterschreitet: bei der sog. *Knock-Out* Option verfällt die Option dann (der Payoff ist 0), während eine *Knock-In* Option erst durch Über- bzw. Unterschreiten der Barrier aktiviert wird und ansonsten Payoff 0 hat[13].
- *Compound Optionen*: Dies sind Optionen auf Optionen.

---

[11] In der Praxis wird bei der Optionsausübung oft direkt der Geldbetrags des Payoffs an den Inhaber der Option überwiesen, statt die Aktie physisch auszuhändigen.

[12] Die Grenze zwischen Optionsscheinen und strukturierten Emissionen ist eine fließende.

[13] Barrier-Optionen gehören zu den liquidesten OTC-Optionen am Aktienmarkt und sind Grundbaustein für viele strukturierte Produkte (vgl. Kapitel XIII).

- *Digitale Optionen* haben (im Falle eines Calls) den konstanten Payoff 1, falls der Aktienpreis S_T am Verfallsdatum größer ist als der Strike K und 0 sonst.

Diese Liste ließe sich beliebig und insbesondere auch für die restlichen 22 Buchstaben des Alphabets fortsetzen!

Eine Option räumt dem Käufer also bestimmte Rechte ein, die der Verkäufer (*Stillhalter*) der Option sichern muss (er muss also dann im Fall der Call-Option die Aktie zum Strike-Preis verkaufen bzw. im Put-Fall kaufen). Im Gegenzug erhält er zu Beginn der Laufzeit die Zahlung des Optionspreises. Falls die Option an der Börse gehandelt wird, kennen sich die beiden Parteien in der Regel nicht. Das Clearinghouse stellt dann (wie am Futures-Markt) sicher, das der Stillhalter der Option den möglicherweise entstehenden Forderungen nachkommen kann, indem es vom Stillhalter Margen verlangt, die während der Laufzeit wenn notwendig erhöht werden können.

■ 13
Literaturhinweise und Übungsaufgaben

Details zu Aktien-Indizes der Wiener Börse und deren Berechnungsweise sind unter http://www.indices.cc/indices/ zu finden, für den DAX und verwandte Indizes siehe http://deutsche-boerse.com/ und für Indices der Schweizer Börse siehe http://www.six-swiss-exchange.com/trading/products/indices_en.html. Für eine ausführliche Darstellung verschiedener Finanzprodukte und ihrer Relevanz in der Praxis siehe Wilmott [63].

Übungsaufgaben

II.1. *Wie viele Aktien des Schweizer Unternehmens Asea Brown Boveri gibt es? An welcher Börse notieren sie? Plotten Sie den Aktienkursverlauf des letzten Jahres, der letzten 5 Jahre.*

II.2. *Aus welchen Unternehmen bildet sich der Dow Jones Industrial Average? Wie setzt sich der aktuelle DAX zusammen? Nach welcher Formel wird der ATX berechnet?*

II.3. *Wie sehen die Kontraktspezifikationen für verschiedene PHELIX Futures an der European Energy Exchange aus?*

II.4. *Wie sind die aktuellen Preise an der CBOE für europäische Optionen auf den S & P500?*

II.5.
(a) Was ist der Unterschied zwischen dem Einnehmen einer long position in einem Forward-Vertrag mit Forward-Preis 50 EUR und dem Einnehmen einer long position in einer Call-Option mit Ausübungspreis 50 EUR?
(b) Ein Spekulant würde gern vom (subjektiv erwarteten) Anstieg einer bestimmten Aktie profitieren. Der derzeitige Aktienkurs beträgt 29 EUR und eine europäische Call-Option (T=3 Monate, K=30 EUR) kostet 2.90 EUR. Dem Spekulanten stehen 5800 EUR zum Investieren zur Verfügung. Man identifiziere zwei alternative

Strategien – eine mit Investition in die Aktie, die andere mit Investition in die Option. Was sind jeweils die potenziellen Gewinne bzw. Verluste?

II.6. *Eine Firma weiß, dass sie in 4 Monaten eine gewisse Geldmenge in einer ausländischen Währung erhalten wird. Mit welchem (i) Forward-Vertrag bzw. (ii) Optionsvertrag kann man diese Transaktion hedgen? Was ist der Unterschied zwischen (i) und (ii)?*

II.7. *Recherchieren Sie im Internet, welche Typen von asiatischen Optionen gebräuchlich sind.*

II.8.
(a) *Beschreiben Sie den Payoff des folgenden Portfolios: Eine long position in einem Forward-Vertrag auf ein Asset und eine long position in einer europäischen Put-Option mit jeweils gleicher Fälligkeit T; der Ausübungspreis K der Option sei gleich dem Forward-Preis des Assets zum Zeitpunkt 0.*
(b) *Überprüfen Sie die Richtigkeit folgender Aussage: „Eine long position in einem Forward-Vertrag ist äquivalent mit einer long position in einer europäischen Call-Option und einer short position in einer europäischen Put-Option, wobei der Ausübungspreis jeweils dem Forward-Preis entspricht."*

III Das No-Arbitrage-Prinzip

Beispiel

■ 14
Allgemeines

Als *Arbitrage* bezeichnen wir einen risikolosen Profit beim Handel mit Finanzgütern. Sei π_t der Wert eines Portfolios zum Zeitpunkt t und gelte $\pi_0 = 0$. Eine Arbitrage-Möglichkeit lässt sich formal als Strategie beschreiben, für welche

$$\mathbb{P}(\pi_t \geq 0) = 1 \quad \text{sowie} \quad \mathbb{P}(\pi_t > 0) > 0$$

für ein positives t gilt. Es ist naheliegend, dass Preise für Finanzgüter, die für einen Marktteilnehmer Arbitrage erlauben, nicht „fair" sein können (in Kapitel I haben wir das Arbitrage-Kriterium zur Festsetzung des Preises eines Vanilla Floaters bereits implizit verwendet)[1]. Betrachten wir folgendes einfache Beispiel.

Nehmen wir an, eine Aktie wird in Chicago und Frankfurt gehandelt und der aktuelle Kurs in Chicago ist 100 USD, jener in Frankfurt 60 EUR. Der Wechselkurs sei zu diesem Zeitpunkt 0.65 EUR pro USD. Dann gibt es (ohne Berücksichtigung von Transaktionskosten) folgende Arbitrage-Möglichkeit:

– Kaufe 100 Aktien in Frankfurt.
– Verkaufe diese Aktien in Chicago.
– Wechsle Dollar in Euro.

Der resultierende risikolose Profit ist

$$100 \cdot (100 \cdot 0.65 - 60) \, \text{EUR} = 500 \, \text{EUR}.$$

Dass ein Finanzinstrument (oder allgemeiner ein Wirtschaftsgut) an verschiedenen Handelsplätzen inkonsistente Preise hat, wird als *Platz-Arbitrage* bezeichnet. Eine solche Arbitrage-Möglichkeit wird wegen der Transparenz des Marktes allerdings nur für kurze Zeit bestehen können, denn sie wird zu gesteigerter Aktiennachfrage in Frankfurt mit resultierender Erhöhung des Frankfurter Kurses führen und gleichzeitig zu vermehrten Aktienverkäufen in Chicago, was den dortigen Kurs senkt, so-

---

[1]Insbesondere müssen unter No-Arbitrage-Bedingungen Güter mit einem während der gesamten Laufzeit identischen Cash-Flow den gleichen Preis haben („*law of one price*").

dass die Arbitrage-Möglichkeit schnell verschwindet. Marktteilnehmer, die sich auf das Ausnützen solcher oder ähnlicher (kurzfristiger) Arbitrage-Möglichkeiten spezialisiert haben, nennt man *Arbitrageure*. Die Präsenz von Arbitrageuren garantiert also, dass am Markt existierende Arbitrage-Möglichkeiten sofort eliminiert werden und deshalb schwer bis gar nicht anzutreffen sind[2]. Es ist folglich für die Analyse eines Finanzmarkts sinnvoll, anzunehmen, dass keine Arbitrage-Möglichkeiten existieren. Insbesondere ist bei der Einführung eines neuen derivativen Finanzgutes der Preis sicher so festzusetzen, dass durch den zusätzlichen Handel mit dem Derivat im Markt keine Arbitrage-Möglichkeit entsteht. Diese Überlegung ist grundlegend für die Preistheorie der Finanzmärkte und wird als *No-Arbitrage-Prinzip* bezeichnet (siehe auch Übungsaufgaben III.1–III.4).

Insgesamt treffen wir in der Regel folgende Annahmen für die (idealisierten) Finanzmärkte:

- **Es gibt keine Arbitrage-Möglichkeit.**
- **Kredit- und Anlagezins sind gleich:** Man kann Geld zum selben Zinssatz ausleihen, wie anlegen. Im Geschäft zwischen Banken guter Bonität ist diese Annahme im Normalfall hinreichend nahe erfüllt.
- **Abwesenheit von Transaktionskosten:** In der Praxis gibt es beim Handel mit Finanzinstrumenten Transaktionskosten (Kommissionen etc.). Für hinreichend große Marktteilnehmer sind diese Kosten aber oft nahezu vernachlässigbar, weswegen wir in diesem Buch vereinfachend annehmen, dass keine Transaktionskosten anfallen[3].
- **Möglichkeit von Aktienleerverkäufen:** Der Begriff *Aktienleerverkauf* (engl. *short-selling*) bezeichnet den Vorgang, Aktien zum heute gültigen Kurs zu verkaufen, sie aber erst zu einem späteren Zeitpunkt physisch auszuliefern, also eine *short* Position in der Aktie einzugehen. In der Praxis gibt es eine Reihe von Details, die hierbei beachtet werden müssen (beispielsweise wie Dividendenzahlungen gehandhabt werden). Prinzipiell sind Aktienleerverkäufe für große Marktteilnehmer problemlos möglich und auch relativ häufig, jedoch ist gerade in jüngster Zeit die Regulierung solcher Leerverkäufe ein vieldiskutiertes Thema[4].
- **Jedes Finanzgut lässt sich beliebig teilen:** Man kann beliebige Anteile der Finanzgüter kaufen bzw. (siehe oben) verkaufen.
- **Keine Dividendenzahlungen:** Außer an Stellen, wo wir explizit darauf hinweisen, werden wir für Aktien annehmen, dass keine Dividenden ausgeschüttet werden. Dies ist keine fundamentale Annahme, sondern dient hauptsächlich der besseren Lesbarkeit der Darstellung. Je nach Art der Modellierung der Dividendenausschüttungen verursacht ihre Berücksichtigung oft nur einfache Variationen der dividendenfreien Modelle[5].

---

[2]Auch die modernen elektronischen Kommunikationssysteme und Realtime-Kurssysteme haben die Markttransparenz entscheidend erhöht.

[3]Diese Annahme müsste für (in diesem Buch nicht näher behandelte) Rohstoffmärkte ernsthaft hinterfragt werden, da dort erhebliche Transportkosten anfallen können und vergleichbare Güter an unterschiedlichen Handelsplätzen somit durchaus unterschiedliche Preise haben können, ohne Platz-Arbitrage zu induzieren.

[4]siehe z.B. die aktuelle Leerverkaufsverbotsverordnung der Österreichischen Finanzmarktaufsicht http://www.fma.gv.at

[5]Bzw. wird umgekehrt in der Praxis die Dividendenmodellierung je nach Aktienpreismodell oft auch so vorgenommen, dass sich die Grundeigenschaften des Modells nicht verändern.

■ 15
Preisbestimmung bei Termingeschäften

Wir haben in Abschnitt 10 Forwards als ein einfaches Beispiel von Termingeschäften kennengelernt. Was ist nun der faire Preis eines Aktien-Forwards?

Man wäre vielleicht versucht zu sagen, dass der Preis für einen solchen Vertrag von der Wahrscheinlichkeitsverteilung des Aktienpreises zum Zeitpunkt T abhängen muss. Das ist aber nicht der Fall. Unter den oben besprochenen Annahmen gibt es einen anderen Mechanismus, der den fairen Preis festlegt:

Die einfache Annahme, dass Investoren „mehr zu haben" gegenüber „weniger zu haben" bevorzugen und das Beachten des „Zeitwertes von Geld" (wir nehmen hier vorerst stetige Verzinsung mit der risikolosen Zinsrate r an), ermöglicht es, den fairen Preis eines Forwards in folgender Form zu bestimmen.

No-Arbitrage Preis eines Forwards. Sei S_t der Preis einer Aktie, die keine Dividenden zahlt, zum Zeitpunkt $t \in [0, T]$. Dann ist der arbitragefreie Forward-Preis $K = F(t, T)$ zur Zeit t gegeben durch

$$F(t, T) = S_t e^{r(T-t)}. \tag{15.1}$$

Satz

Beweis. Wenn der Forward-Preis höher wäre (d.h. $F(t, T) > S_t e^{r(T-t)}$), dann könnten wir S_t Geldeinheiten für das Intervall $[t, T]$ zu einer Zinsrate r von der Bank ausborgen, damit die Aktie kaufen und einen solchen Forward-Vertrag verkaufen. Zum Zeitpunkt T brauchen wir dann $S_t e^{r(T-t)}$, um den Kredit zurückzuzahlen, aber wir erhalten vom Käufer des Forward-Vertrages für den Verkauf der Aktie $F(t, T) > S_t e^{r(T-t)}$ zurück und auf diese Weise hätten wir also einen risikolosen Gewinn gemacht.

Falls andererseits $F(t, T) < S_t e^{r(T-t)}$, so könnten wir auf ähnliche Weise risikolos Gewinn machen, indem wir eine Aktie zum Zeitpunkt t (zum Preis S_t) leerverkaufen (also short gehen), den erhaltenen Betrag zur Zinsrate r anlegen und im Forward-Vertrag mit Preis $F(t, T)$ long gehen. Zum Zeitpunkt T erhalten wir aus dem Forward die Aktie um $F(t, T)$, geben sie zur Erfüllung des Leerverkaufs ab und haben den risikolosen Gewinn $S_t e^{r(T-t)} - F(t, T) > 0$ realisiert. □

Mit jedem anderen Preis als (15.1) wäre also Arbitrage möglich; anders ausgedrückt: in einem Markt, der keine Arbitrage zulässt, ist der obige Preis der einzig mögliche.

In obigem Argument haben wir eine über die Laufzeit t bis T konstante risikolose Zinsrate r angesetzt. Liegt eine Zinsstrukturkurve vor, muss stattdessen einfach die Zinsrate $r(t, T)$ verwendet werden[6].

---

[6]Wieder unter der Annahme, dass Kredit und Anlage-Zinssatz gleich groß sind.

■ 16
Bootstrapping – der Zusammenhang zwischen Swaps und Nullkupon-Anleihen

Wir betrachten nun den in Abschnitt 11 eingeführten Vanilla Interest Rate Swap, bei dem fixe Zahlungsströme und Libor-gebundene Zahlungsströme getauscht werden (die Nominale sei 1). Was ist der Barwert eines solchen Swaps zum Initialisierungszeitpunkt t_0? Aus der Sicht des Receivers, der die fixen Zahlungsströme empfängt, gilt, wenn das Risiko eines Zahlungsausfalls der Gegenpartei vernachlässigt wird:

$$\text{Barwert Swap } V_S = \text{Barwert Fixed Leg } V_{\text{fix}} - \text{Barwert Floating Leg } V_{\text{fl}}.$$

Der Barwert des Fixed Leg lässt sich durch Abzinsen mit der Zinsstrukturkurve ermitteln und es gilt:

$$V_{\text{fix}} = \sum_{i=1}^{N} \exp[-r(t_0, t_i) \cdot (t_i - t_0)] \cdot \text{sr},$$

wobei sr den *Swapsatz* (oder engl. *Swaprate*) (also den Zins des Fixed Leg), t_i ($i = 1, \ldots, N$) die Zeitpunkte und N die Anzahl der Kuponzahlungen bezeichnen.

Wie groß ist der Barwert des Floating Leg? Man kann sich leicht überlegen, dass dessen Cashflow genau dem eines Vanilla Floaters entspricht mit dem einzigen Unterschied, dass am Ende die Nominale nicht getilgt wird. Wenn man nun „künstlich" einen Austausch der Nominale zwischen den beiden Vertragsparteien in die Modellierung einbezieht, sehen wir, dass

$$V_{\text{fix}} = \sum_{i=1}^{N} \exp[-r(t_0, t_i) \cdot (t_i - t_0)] \cdot \text{sr} + \exp[-r(t_0, t_N) \cdot (t_N - t_0)] \quad \text{und} \quad V_{\text{fl}} = 1$$

$$(16.2)$$

gelten muss[7]. Daher gilt

$$V_S = \sum_{i=1}^{N} \exp[-r(t_0, t_i) \cdot (t_N - t_i)] \cdot \text{sr} + \exp[-r(t_0, t_N) \cdot (t_N - t_0)] - 1.$$

Wenn man in obigem Ausdruck nun $V_S = 0$ setzt und die entstehende Gleichung nach sr auflöst, erhält man also die faire Swaprate, ausgedrückt durch die Preise von Nullkupon-Anleihen (von denen wir hier annehmen, dass sie mit Laufzeiten $t_1, \ldots, t_n$ liquide sind).

In analoger Weise lässt sich der Wert des Swaps an den späteren Zahlungsterminen t_k einfach gemäß (16.2) ermitteln (man muss nur t_0 durch t_k ersetzen und die Summation bei $i = k$ beginnen).

---

[7]In Kapitel I haben wir ja gesehen, dass der Preis eines Vanilla Floaters die Nominale (also in diesem Fall 1) ist.

Was ist nun aber der Wert zwischen zwei Zahlungsterminen?[8] Sei also t ein Bewertungszeitpunkt mit $t_{k-1} < t < t_k$. Dann gilt:

$$V_{\text{fix}}(t) = \sum_{i=k}^{N} \exp[-r(t, t_i) \cdot (t_i - t)] \cdot \text{sr}.$$

Für das Floating Leg wissen wir, dass der Barwert zum Zeitpunkt t_k gleich der Nominale wäre, wenn auch die Nominale getauscht würde. Also

$$V_{\text{fl}} = \exp[-r(t, t_k) \cdot (t_k - t)] \cdot (\text{Libor}_{t_{k-1}} + 1) - \exp[-r(t, t_N) \cdot (t_N - t)],$$

wobei Libor_t den zum Zeitpunkt t fixierten Libor bezeichnet (in analoger Weise gilt dies natürlich auch für den Euribor).

In der Praxis sind aber nicht die Preise von Nullkupon-Anleihen bzw. die Werte der Zero Curve $r(t; t_k)$ an den Stützstellen die Ausgangsinstrumente, sondern es ist genau umgekehrt: Swapraten für verschiedene Laufzeiten werden am Markt ständig quotiert[9], und daraus wird die Zero Curve ermittelt.

Bootstrapping

Angenommen, wir kennen (im EUR, in dem die Fixed Legs jährlich zahlen) zum Zeitpunkt t_0 die Swapraten sr_i für $i = 1, 2, \ldots$ Jahre. Die Ermittlung der Zinsraten (Zero Rates) $r(t_0; t_i)$ kann dann induktiv erfolgen:

1. $k = 1$: Das Floating Leg + 1 ist zum Zeitpunkt t_0 genau 1 wert. Zu lösen ist also

$$1 = (1 + \text{sr}_1) \cdot 1 \cdot \exp[-r(t_0, t_1)].$$

   Ist die 1 Jahres-Swaprate nichtnegativ, hat diese Gleichung eine eindeutige nichtnegative Lösung $r(t_0, t_1)$.
2. Induktionsschritt. Die Zero Rates $r(t_0, t_i)$ seien für $i = 1, \ldots, k-1$ bereits ermittelt. Für $r(t_0, t_k)$ ist dann die folgende Gleichung zu lösen

$$1 = \exp[-r(t_0, t_k) \cdot (t_k - t_0)] \cdot (\text{sr}_k + 1) + \sum_{i=1}^{k-1} \exp[-r(t_0, t_i) \cdot (t_i - t_0)] \cdot \text{sr}_k.$$

   Ist die k Jahres-Swaprate sr_k so groß, dass der Summenterm größer oder gleich 1 ist, dann ist diese Gleichung nicht mehr lösbar. In liquiden Märkten tritt dies aber nicht auf (siehe Übungsaufgabe III.3).

Die Prozedur des iterativen Ermittelns der Zero Rates aus den Swap Rates wird *Bootstrapping*[10] genannt. In der Praxis werden zum Ermitteln der Zero Curve die

---

[8] Diese Frage stellt sich etwa dann, wenn der Bilanzstichtag zwischen den Zahlungsterminen liegt und der Wert des Swaps zum Bilanzstichtag ermittelt werden muss.

[9] *Quotiert* meint hier, dass Informationsanbieter wie z.B. Reuters oder Bloomberg den aktuellen Preis zur Verfügung stellen, zu dem große Banken diese Produkte anbieten. Swapraten sind für die Ermittlung der Zero Curves besser geeignet, da bei Nullkupon-Anleihen das Kreditrisiko nicht ausgeklammert werden kann.

[10] Der Begriff Bootstrapping bedeutet sinngemäß „sich an den eigenen Haaren aus dem Sumpf herausziehen" (wozu Baron Münchhausen seinen Erzählungen nach in der Lage war), und bezeichnet all-

Stützstellen für kürzere Laufzeiten enger gewählt. Außerdem werden für die Laufzeiten bis 12 Monate (für welche Swapsätze in der Regel nicht zur Verfügung stehen) im Normalfall Libor bzw. Euribor-Sätze (also etwa: ON (Overnight), 1D, 7D, 1M, 2M, 3M, 6M, 9M, 12M) oder entsprechende Futures verwendet.

■ 17
Forward Rate Agreements und Zinsfutures

So wie zwei Handelspartner Forward-Kontrakte auf Währungen oder Aktien bzw. Aktienindizes eingehen können, gibt es derartige Kontrakte auch für Zinsen als Underlyings. Der einfachste Kontrakt ist dabei wohl ein *Forward Rate Agreement* (FRA). Wie bei Vanilla Interest Rate Swaps, wird dabei wieder für einen vereinbarten Nominalbetrag ein Referenzzinssatz (Libor oder Euribor) gegen einen Fixzinssatz getauscht. Das Besondere am FRA ist, dass die Ausgleichszahlung (anders als beim Swap) zu Beginn der betrachteten Periode erfolgt.

Beispiel

Ein „3×6 FRA" betrachtet in 3 Monaten ab Abschluss den dann gültigen Libor3M, der in 6 Monaten ab Abschluss gegen den vereinbarten Fixzinssatz auf die Nominale getauscht würde; ein „9×15-FRA" hat als Referenzzinssatz den Libor6M, eine „Vorlaufzeit" von 9 Monaten, eine FRA-Laufzeit beginnend nach 9 Monaten und endend nach 15 Monaten (Ablauf des FRA).

Nach Ablauf der Vorlaufzeit y wird ermittelt, was bei Endfälligkeit z des $y \times z$ FRA an Zahlung erfolgen würde; dieser Betrag wird dann (mit dem dann gültigen $(z - y)$-Libor) auf den Zeitpunkt y abgezinst und sofort als Cash Settlement ausgeglichen. Da FRAs (wie Swaps) OTC gehandelt werden, gibt es natürlich auch von dieser Grundform abweichende Varianten. Die British Bankers Association[11] hat sich um die Standardisierung von FRAs verdient gemacht. Natürlich spielen Details wie Datumskonventionen eine erhebliche Rolle.

■ 18
Literaturhinweise und Übungsaufgaben

Eine ausführliche und rigorose Einführung in die mathematische Formulierung und Lösung von No-Arbitrage-Problemen findet man in Delbaen & Schachermayer [15].

Übungsaufgaben

III.1. *Der Wechselkurs zwischen GBP und EUR sei heute 1 GBP = 1.4 EUR, der 5jährige Zinssatz (mit kontinuierlicher Verzinsung) für das GBP sei $r_{5;GBP} = 5.6\%$, für den*

gemein ein Verfahren, das ohne externe Hilfsmittel auskommt. In diesem Zusammenhang ist der Begriff durch die Tatsache motiviert, dass alleinig Swaprates zur Ermittlung der Zero Rates verwendet werden.

[11] www.bba.org.uk

EUR $r_{5;EUR} = 5.2\%$. *Leiten Sie mit No-Arbitrage Argumenten eine Formel für den fairen Preis eines Fremdwährungs-Forwards her. Was ist der faire fünfjährige GBP-EUR-Forward-Preis in diesem Beispiel? Welche Finanzinstrumente werden für die Konstruktion des No-Arbitrage-Portfolios benötigt?*

III.2. *Der Goldpreis sei derzeit 500 EUR pro Unze und der Forward-Preis für Goldkauf in einem Jahr sei 700 EUR pro Unze. Wie kann man damit risikolosen Profit (Arbitrage) machen, wenn man Geld mit einer Verzinsung von 10 % p.a. borgen kann? (Man nehme an, dass das Lagern von Gold nichts kostet – Gold wird in der Praxis wie eine Währung behandelt (Kürzel XAU), weil die Lagerkosten zum Wert vernachlässigbar sind.)*

III.3. *Welche Arbitrage-Möglichkeiten gibt es, wenn die Swaprates für die Laufzeiten 1 Jahr bis 14 Jahre 3 % und die 15-Jahres Swaprate 10 % ist? Verallgemeinern Sie dieses Beispiel und folgern Sie, dass es immer Arbitrage-Möglichkeiten gibt, wenn der Summenterm im Induktionsschritt des Bootstrapping von S. 25 größer als 1 ist. (Nehmen Sie dazu an, dass Nullkupon-Anleihen und Vanilla Floater mit Laufzeiten von 1 bis 15 Jahren liquide sind.)*

III.4. *Nehmen Sie an, es werden Swaps mit Laufzeiten von 1, 2 und 3 Jahren und einer Swaprate von jeweils 4% gehandelt. Wie groß muss demnach der Preis einer Anleihe mit jährlichen Kuponzahlungen von 5% und einer Laufzeit 3 Jahren sein? Wie kann man Arbitragegewinne lukrieren, wenn der Preis ein anderer wäre? (Nehmen sie dazu an, dass ein Vanilla Floater mit einer Laufzeit von 3 Jahren liquide ist.)*

III.5. *Angenommen die Preise zweier verschiedener Nullkupon-Anleihen mit unterschiedlichen Laufzeiten T_1 bzw. T_2 seien verfügbar. Welche arbitrage-freie Zinsrate $r(T_1, T_2)$ (Forward-Rate[12] genannt) ergibt sich daraus bei continuous compounding?*

Aufgaben mit Mathematica und UnRisk

III.6. *Verwenden Sie die UnRisk Kommandos* `MakeSwapCurve` *und* `MakeYieldCurve`, *um Swap-Kurven zu generieren und aus diesen Nullkuponkurven durch Bootstrapping zu ermitteln. Plotten Sie beide Kurven. Implementieren Sie unter Verwendung von* `Manipulate` *Schieberegler, die einzelne Stützstellen der Swap-Kurve bewegen können. Wie wirkt sich das auf die Zero Curve aus?*

---

[12] Forward-Raten sind allgemein Zinssätze für Perioden in der Zukunft und berechnen sich aus der aktuellen Zinsstrukturkurve.

IV Europäische und amerikanische Optionen

Wie wir in Kapitel II gesehen haben, stellt eine Option für den Käufer ein Recht dar, welches zu einem finanziellen Vorteil führen kann und beinhaltet keinerlei Verpflichtungen. Dieses Recht muss also etwas kosten und es stellt sich die Frage: Wie viel?

Abb. 18.1 zeigt Marktpreise von europäischen Call-Optionen auf den S&P500[1] als Funktion des Strikes für verschiedene Laufzeiten (gemeinsam mit dem Payoff, der sich ergeben würde, wenn die Aktie am Verfallstag genau den heutigen Wert hätte):

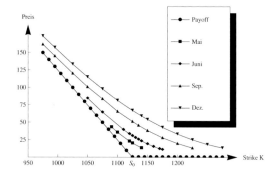

Abb. 18.1. Preise sowie Payoff von Calls auf den S&P500 am 18. April 2002 (S_0 = 1124.47) mit Expiries im Mai, Juni, September und Dezember 2002.

Naheliegenderweise sind die Call-Preise für höheren Strike-Preis geringer, laut Abbildung sind die Optionspreise für längere Laufzeit größer. Eine allgemeine und genaue Quantifizierung der verschiedenen Einflussgrößen auf den Preis von Optionen ist eine wichtige Aufgabe der Finanzmathematik. Denn während sich die Marktpreise in Abb. 18.1 durch Angebot und Nachfrage ergeben, sind viele weitere Fragen nur mit Hilfe der Finanzmathematik zu beantworten: Wie sensitiv ist ein Optionspreis auf die Einflussgrößen? Was ist ein angemessener Preis für eine OTC-Option (für die also nicht ein liquider Markt über Angebot und Nachfrage den Preis regelt)? Die Antworten auf solche Fragen werden wesentlich vom stochastischen Modell abhängen, das man dem Underlying unterstellt. Wir werden in Abschnitt 19 jedoch sehen, dass sich mittels einfacher No-Arbitrage-Überlegungen auch einige allgemeine modellunabhängige Identitäten und Optionspreis-Schranken herleiten lassen. Spezifischere modellabhängige Resultate werden dann in späteren Kapiteln folgen. Um die

---

[1] Optionspreisdaten aus [58, S.155].

Notation zu vereinfachen, beschränken wir uns in den Kapiteln IV–VIII auf Optionen auf Aktien.

Zunächst noch eine allgemeine Bemerkung: Der Optionspreis muss offensichtlich so bestimmt werden, dass sowohl Käufer als auch Verkäufer in das Geschäft einwilligen. Wenn es möglich ist, ein Portfolio aus Bargeld und Aktienanteilen zu bilden, dass zum Verfallsdatum T (risikolos!) genau den gleichen Ertrag wie die Option liefert, dann ist der heutige Wert dieses Portfolios sicherlich der gesuchte *faire Preis* für die europäische Option. Wie wir in den folgenden Kapiteln sehen werden, ist eine derartige *Replikation* des Options-Payoffs durch ein Portfolio aus Bargeld und Aktienanteilen unter bestimmten Modellannahmen möglich, wenn wir die Zusammensetzung des Portfolios je nach Entwicklung des Aktienpreises im Laufe der Zeit ändern (also Aktienanteile in Bargeld „umschichten" und umgekehrt)[2]. Die resultierende, die Option replizierende, Handelsstrategie ist dann also eine Absicherung (engl. *hedge*) gegen das Risiko, das sich durch den Verkauf der europäischen Option ergeben hat (nämlich das Risiko, dass S_T größer (bzw. kleiner) als K ist). Ein großer Aufgabenbereich der Finanzmathematik (und ein in unterschiedlichen Facetten wiederkehrendes Thema in diesem Buch) ist neben der Optionspreisbestimmung auch die Konstruktion von solchen *Hedging-Strategien*.

■ 19
Put-Call-Parität und Optionspreis-Schranken

Der Wert einer europäischen Call-Option (bzw. Put-Option) zum Zeitpunkt t wird in der Folge immer mit C_t (bzw. P_t) bezeichnet. Zum Fälligkeits-Zeitpunkt T gilt auf Grund der Definitionen:

$$C_T - P_T = (S_T - K)^+ - (K - S_T)^+ = S_T - K.$$

Man kann nun (unter den Annahmen von Abschnitt 14) zeigen, dass Arbitrage nur dann ausgeschlossen ist, wenn für alle Zeitpunkte folgende Beziehung gilt:

Satz

> **Put-Call-Parität.** Für europäische Vanilla Optionen mit Laufzeit T und Ausübungspreis K gilt bei fester risikoloser Zinsrate r
>
> $$C_t - P_t = S_t - Ke^{-r(T-t)} \qquad \text{für alle } t \in [0, T]. \qquad (19.1)$$

Beweis. Wir betrachten zum Zeitpunkt t zwei Portfolios:

>   *Portfolio A:* eine europäische Call-Option und $Ke^{-r(T-t)}$ an Bargeld.
>   *Portfolio B:* eine europäische Put-Option und eine Aktie.

Für Portfolio A gilt: Falls $S_T > K$, kann zum Zeitpunkt T das Bargeld, das sich mittlerweile zu K aufgezinst hat, verwendet werden, um mit der Call-Option die

---

[2]Ein *statisches* Portfolio (also eines, dass während der Laufzeit nicht umgeschichtet wird, auch *buy-and-hold* genannt) kann dagegen – anders als bei Forwards – die Option i.a. nicht replizieren, da der Optionspreis nicht mehr linear vom derzeitigen Aktienpreis abhängt.

Aktie zu kaufen, der resultierende Wert des Portfolios ist dann S_T. Falls $S_T \leq K$, wird die Call-Option nicht ausgeübt werden, somit verfällt sie und der Wert des Portfolios ist durch das übrige Bargeld K gegeben. Insgesamt ist der Wert des Portfolios A zum Zeitpunkt T also $\max(S_T, K)$.

Für Portfolio B gilt: Im Falle $S_T \geq K$ wird die Put-Option nicht ausgeübt und es bleibt der Wert S_T der Aktie im Portfolio, während für $S_T < K$ die Put-Option ausgeübt werden kann und den Wert K sichert. Somit ist insgesamt der Wert des Portfolios B zum Zeitpunkt T ebenfalls $\max(S_T, K)$.

Da beide Portfolios denselben Payoff liefern, müssen auch ihre Anfangspreise übereinstimmen (ansonsten kann sofort Arbitrage realisiert werden!). Daher gilt also

$$C_t + Ke^{-r(T-t)} = P_t + S_t. \qquad \square$$

Somit kann im Falle von Aktien, die keine Dividenden auszahlen, der Preis einer europäischen Put-Option immer in einfacher Weise aus der entsprechenden Call-Option berechnet werden und wir können uns in Zukunft o.B.d.A. auf die Untersuchung der Call-Option beschränken.

Mit den trivialen No-Arbitrage-Schranken (siehe Übungsaufgabe IV.1)

$$0 \leq C_t \leq S_t \quad \text{sowie} \quad 0 \leq P_t \leq K\,e^{-r(T-t)} \qquad (19.2)$$

ergibt sich weiters aus der Put-Call-Parität:

Folgerung. *In einem arbitragefreien Markt ohne Dividendenzahlungen gilt*

$$\max\left(S_t - Ke^{-r(T-t)}, 0\right) \leq C_t \leq S_t.$$

sowie

$$\max\left(Ke^{-r(T-t)} - S_t, 0\right) \leq P_t \leq K\,e^{-r(T-t)}.$$

Diese Schranken sind nicht sehr scharf, jedoch sind sie unabhängig vom zugrunde liegenden Marktmodell und basieren einzig und allein auf den in Abschnitt 14 getroffenen Annahmen.

In den bisherigen Überlegungen haben wir vorausgesetzt, dass keine Dividendenauszahlungen an die Aktionäre stattfinden. Da die Laufzeit T für die meisten gehandelten Aktienoptionen weniger als ein Jahr beträgt, können die Dividendenzahlungen während der Laufzeit einer Option manchmal mit zufriedenstellender Genauigkeit vorausgesagt werden. Sei dann D_t der Barwert der Dividenden während der Rest-Laufzeit $T - t$ der Option zum Zeitpunkt t. Dann gilt die adaptierte Put-Call-Parität (siehe Übungsaufgabe IV.3)

$$C_t - P_t = S_t - D_t - Ke^{-r(T-t)} \qquad \text{für alle} \quad t \in [0, T] \qquad (19.3)$$

sowie die resultierenden Schranken

$$C_t \geq S_t - D_t - Ke^{-r(T-t)} \qquad \text{für alle} \quad t \in [0, T] \qquad (19.4)$$

und

$$P_t \geq D_t + Ke^{-r(T-t)} - S_t \qquad \text{für alle} \quad t \in [0, T]. \qquad (19.5)$$

■ 20
Portfolios von Vanilla-Optionen

In Abschnitt 12 haben wir den Payoff einer europäischen Call- und Put-Option in Abhängigkeit des Aktienpreises beim Verfallsdatum gesehen. Um daraus eine Gewinn/Verlust-Kurve zu erhalten, muss vom Payoff noch der Preis für den Kauf der Option abgezogen werden. Man überlegt sich leicht, dass nun durch Kombination von gleichzeitigen long und short Positionen in Calls und Puts verschiedenste Payoff- bzw. Gewinn/Verlust-Kurven (als Funktion des Aktien-Schlusswertes S_T) erzeugbar sind.

Beispiel

Ein sog. *Bull-Spread* ist ein Portfolio mit einer long Position in einem Call mit Strike K_1 und einer short Position in einem Call mit gleichem Verfallsdatum und Strike $K_2 > K_1$. Ein Investor, der einen Bull-Spread hält, hofft also auf einen hohen Aktienkurs zum Zeitpunkt T (siehe Abb. 20.2). Eine analoge Payoff-Funktion lässt sich auch mit zwei Put-Optionen erzeugen (vgl. Übungsaufgabe IV.6).

Vertauscht man im obigen Portfolio die long und short Position, so ergibt sich ein *Bear-Spread*[3]. Dieser Spread ist dann vorteilhaft, wenn der Aktienkurs zum Zeitpunkt T niedrig ist (vgl. Abb. 20.2). Bei beiden Spreads wird also das Potenzial für einen hohen Gewinn aus der long Position in der Option gegen den Erhalt einer fixen Zahlung beim Eingehen der short Position eingetauscht.

Ein *Butterfly-Spread* besteht schließlich aus vier Optionen mit drei verschiedenen Ausübungspreisen. Er kann erzeugt werden durch den Kauf zweier Call-Optionen (eine mit niedrigem Ausübungspreis K_1 und eine mit hohem Ausübungspreis K_3) und dem Verkauf von zwei Call-Optionen mit Ausübungspreis $K_2 = (K_1 + K_3)/2$. Typischerweise ist K_2 im Bereich des derzeitigen Aktienpreises S_0. Der resultierende Gewinn/Verlust-Verlauf als Funktion von S_T wird in Abb. 20.3 wiedergegeben. Der Butterfly-Spread führt also dann zu Gewinn, wenn der Aktienpreis nahe bei K_2 bleibt und führt sonst zu relativ geringem Verlust. Ein solcher Spread ist also eine geeignete Strategie für einen Investor, der glaubt, dass sich der Aktienkurs nur wenig ändern wird. Alternativ kann ein Butterfly-Spread auch mit vier Put-Optionen gebildet werden. Die dabei entstehende Gewinn/Verlustkurve ist äquivalent zum entsprechenden Spread mit Call-Optionen, vgl. Abb. 20.3, und somit folgt nach dem No-Arbitrage-Prinzip, dass die jeweils anfänglich notwendigen Investitionen für beide Strategien gleich groß sein müssen.

Aus obigem Beispiel lässt sich bereits erahnen, dass man im Prinzip ein Portfolio mit jeder gewünschten Payoff-Funktion für einen Zeitpunkt T durch Positionen in Calls und Puts mit Laufzeit T erzeugen kann, wenn Optionen für alle benötigten Strikes am Markt verfügbar sind (tatsächlich sind ja dann die Lage und Höhe der Spikes des Butterfly-Spreads beliebig variier- und kombinierbar). Die Variabilität der Payoff-Strukturen lässt sich durch Verwendung von Optionen mit unterschiedlichen Verfallsdaten noch weiter erhöhen.

---

[3] Ein *bullish (bearish) market* ist ein Finanzmarkt, in dem die Händler glauben, dass eine Hausse (bzw. Baisse) bevorsteht, also die Aktienpreise steigen (bzw. fallen).

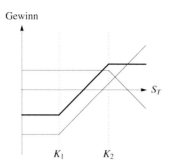

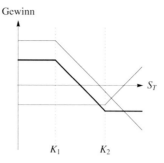

Abb. 20.2. Gewinn/Verlust-Kurve bei einem Bull-Spread (links) und einem Bear-Spread (rechts)

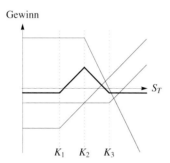

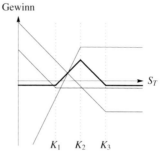

Abb. 20.3. Gewinn/Verlust-Kurve bei einem Butterfly-Spread mit Calls (links) bzw. mit Puts (rechts).

■ 21
Amerikanische Optionen

Amerikanische Optionen können im Gegensatz zu ihren europäischen Verwandten zu jeder Zeit vor dem Verfallsdatum ausgeübt werden. Durch diese zusätzliche Flexibilität muss für die Preisbestimmung dieser Option im Allgemeinen zuerst der optimale Ausübungszeitpunkt ermittelt werden – was die Auswertung komplizierter macht. Wir wollen hier deshalb nur kurz auf einige allgemeine Eigenschaften von amerikanischen Optionen eingehen.

Amerikanische Optionen müssen in einem arbitragefreien Markt natürlich mindestens so viel wert sein wie europäische vom gleichen Typ, da der Besitzer ja größere Flexibilität bezüglich der Ausübung hat.

Seien $C_0(E)$, $P_0(E)$ bzw. $C_0(A)$, $P_0(A)$ die Preise von europäischen bzw. amerikanischen Call- und Put-Optionen mit Ausübungspreis K und Ausübungsdatum T. In einem arbitragefreien Markt gelten dann folgende Ungleichungen: **Satz**

$$\max(0, S_0 - e^{-rT} K) \leq C_0(E) \leq C_0(A) \leq S_0,$$
$$\max(0, e^{-rT} K - S_0) \leq P_0(E) \leq P_0(A) \leq K,$$
$$P_0(A) \geq \max\left(K - S_0, 0\right).$$

Beweis. Nehmen wir an, dass $C_0(E) > C_0(A)$. Dann könnte man risikolosen Gewinn machen, indem man eine europäische Option verkauft, eine amerikanische Option kauft und die Differenz $C_0(E) - C_0(A)$ behält. Indem wir die amerikanische Option bis zum Zeitpunkt T behalten, an dem sie den gleichen Wert wie die europäische hat, haben wir risikolosen Gewinn gemacht. Beide Optionspreise müssen weiters unter dem derzeitigen Wert S_0 der Aktie liegen (und in der Praxis werden sie viel kleiner sein), denn wäre $C_0(A) > S_0$, könnten wir einfach eine Aktie um S_0 kaufen und eine Option verkaufen. Der Gewinn dabei ist risikolos wie sicher, denn die Verpflichtung aus der Option ist durch die Aktie abgedeckt. Die zweite Ungleichungskette für Put-Optionen folgt analog.

Schließlich muss der Wert einer amerikanischen Put-Option positiv und mindestens so groß sein wie ihr Payoff $K - S_0$ bei sofortiger Ausübung, da sonst wieder Arbitrage-Möglichkeiten entstehen. $\qquad\square$

Die erhaltenen Preis-Schranken sind zwar sehr großzügig, aber modellunabhängig! Mit diesen Schranken lässt sich nun unter bestimmten Bedingungen eine überraschend einfache Beziehung zwischen amerikanischen und europäischen Call-Preisen finden:

Satz

> Falls während der Laufzeit der Optionen keine Dividendenzahlungen stattfinden, gilt in einem arbitragefreien Markt mit $r > 0$
>
> $$C_0(E) = C_0(A). \tag{21.6}$$

Beweis. Wegen $r > 0$ und der Put-Call-Parität für europäische Optionen gilt $C_0(A) \geq C_0(E) \geq S_0 - Ke^{-rT} > S_0 - K$. Der Optionspreis ist also (für beide Typen) größer als der Gewinn, den man macht, wenn die Option sofort ausgeübt wird. Die Option wird also nicht sofort ausgeübt werden, solange der Investor „mehr" gegenüber „weniger" bevorzugt. Dieses Argument kann aber für jeden Zeitpunkt $t < T$ angewandt werden: es gilt $C_t(E) \geq S_t - Ke^{-r(T-t)}$ und somit $C_t(A) > S_t - K$. Somit ist es bis zum Verfallsdatum der amerikanischen Option nie optimal, sie vorzeitig auszuüben. Am Verfallsdatum ist die Option allerdings mit der europäischen identisch, sodass in einem arbitragefreien Markt (21.6) gelten muss. $\qquad\square$

Eine amerikanische Call-Option auf eine Aktie, die keine Dividenden auszahlt, sollte also nicht vorzeitig ausgeübt werden. Sollte der Besitzer einer amerikanischen Call-Option den Eindruck haben, dass der derzeitige Aktienpreis sehr hoch ist und dies durch vorzeitiges Ausüben des Calls nutzen wollen, so ist es für ihn gewinnbringender, stattdessen die Option zu verkaufen!

Frühes Ausüben einer amerikanischen Put-Option auf eine Aktie, die keine Dividenden auszahlt, kann hingegen optimal sein[4]. Deshalb gilt für $r > 0$ immer $P_0(A) > P_0(E)$.

---

[4]Wenn etwa der Aktienpreis sehr niedrig ist, ist das zusätzliche Potential für einen noch kleineren Wert durch die Höhe des derzeitigen Aktienpreises strikt nach oben begrenzt und kann den potentiellen Verlust durch einen Wiederanstieg des Aktienpreises nicht aufwiegen.

Für amerikanische Optionen gibt es keine Put-Call-Parität, jedoch gelten folgende Abschätzungen (siehe Übungsaufgabe IV.12):

$$S_t - K < C_t(A) - P_t(A) < S_t - Ke^{-r(T-t)} \qquad \text{für alle } t \in [0, T]. \qquad (21.7)$$

Wenn Dividenden zu erwarten sind, kann es auch bei einer amerikanischen Call-Option vorteilhaft sein, sie früh auszuüben (speziell vor dem Zeitpunkt einer Dividendenzahlung kann die Ausübung optimal sein, da danach der Aktienpreis fallen wird). Weiters gilt statt (21.7) bei vorab bekanntem Barwert D_t der diskontierten Dividendenzahlungen

$$S_t - D_t - K < C_t(A) - P_t(A) < S_t - Ke^{-r(T-t)} \qquad \text{für alle } t \in [0, T]. \qquad (21.8)$$

■ 22
Literaturhinweise und Übungsaufgaben

Eine detaillierte Übersicht über europäische und amerikanische Optionen, sowie Handelsstrategien mit Optionen findet sich beispielsweise in Kapitel 2 von Wilmott [63] oder in Kapitel 7 von Capiński und Zastawniak [11].

Übungsaufgaben

IV.1. *Beweisen Sie die No-Arbitrage-Schranken* (19.2).

IV.2. *Beweisen Sie graphisch die Put-Call Parität für europäische Optionen am Verfalls-Datum T.*

IV.3. *Zeigen Sie die Put-Call-Parität* (19.3) *sowie die Optionspreisschranken* (19.4) *und* (19.5) *bei Dividendenzahlungen.*

IV.4. *Untersuchen Sie, welche Gewinnkurven sich in Abhängigkeit von S_T ergeben, wenn Sie eine Aktie und eine Call- (bzw. Put-)Option long bzw. short im Portfolio haben.*

IV.5.
(a) *Bestimmen Sie eine untere Schranke für den Preis einer Call-Option auf eine Aktie, die keine Dividenden zahlt, mit $T = 6$ Monaten und $K = 25$ EUR, wenn die risikolose Zinsrate 5% p.a. (continuous compounding) beträgt und $S_0 = 30$ EUR.*
(b) *Für die selbe Aktie aus (a) sei der Preis der Call-Option 7 EUR. Bestimmen Sie obere und untere Schranken für den Preis eines amerikanischen Puts mit den gleichen Parametern (also Laufzeit $T = 6$ Monate und Strike $K = 25$).*

IV.6. *Reproduzieren Sie den Payoff eines Bull- bzw. Bear-Spreads mit Put-Optionen. Gibt es bezüglich der benötigten Anfangs-Investition einen Unterschied zur Konstruktion mittels Call-Optionen?*

IV.7. *Seien C_1, C_2 und C_3 die Preise von europäischen Call-Optionen mit Ausübungspreisen K_1, K_2 bzw. K_3, wobei $K_3 > K_2 > K_1$ und $K_3 - K_2 = K_2 - K_1$. Man zeige die Konvexitätseigenschaft*

$$C_2 \leq 0.5(C_1 + C_3),$$

falls alle Optionen den gleichen Ausübungszeitpunkt T besitzen.

IV.8. *Drei europäische Put-Optionen auf eine Aktie haben gleiches Ausübungsdatum T und Ausübungspreise 55 EUR, 60 EUR bzw. 65 EUR. Ihr Preis am Markt ist 3 EUR, 5 EUR bzw. 8 EUR. Wie kann man aus diesen einen Butterfly-Spread erzeugen? Man gebe eine Tabelle mit dem Gewinnverlauf bei solch einer Handelstrategie an. In welchem Bereich muss S_T liegen, damit der Butterfly-Spread zum Verlust führt?*

IV.9.
(a) Man zeige mittels Put-Call-Parität, dass die Kosten für das Erstellen eines Butterfly-Spreads mit europäischen Puts und eines solchen mit europäischen Calls gleich groß sind!
(b) Wie kann ein Forward-Vertrag auf eine Aktie mit vereinbartem Preis und Verkaufsdatum durch Optionen repliziert werden?

IV.10. *Der Preis einer europäischen Call-Option mit T = 6 Monaten und K = 90 EUR sei 16 EUR und es gelte S_0 = 100 EUR sowie eine risikolose Zinsrate von r = 0.03. Wieviel kostet eine europäische Put-Option mit T = 6 Monaten und Strike K = 90 EUR, wenn eine Dividende von 5 EUR in 5 Monaten erwartet wird?*

IV.11. *Betrachten Sie eine Option mit Payoff*

$$Payoff = (S_T - 100)^+ \, 1_{\{S_T \leq 120\}},$$

wobei 1 die Indikatorfunktion ist (vgl. Abb. 22.4). Es handelt sich hierbei um eine sehr einfache Version einer Barrier Option. Nehmen Sie an, dass europäische Optionen mit derselben Laufzeit für alle Strikes liquide sind. Finden Sie dann ein Portfolio aus europäischen Optionen, dessen Payoff sich höchstens auf dem Intervall [119.5, 120.5] von jenem der betrachteten Option unterscheidet.

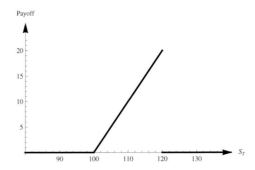

Abb. 22.4. Payoff der Option von Beispiel IV.11

IV.12. *Beweisen Sie die Ungleichungen (21.7) und (21.8) mit No-Arbitrage-Überlegungen.*

V

Das binomiale Optionspreismodell

Wir wollen uns in den nun folgenden Kapiteln der stochastischen Modellierung von Preisbewegungen zuwenden. Dabei konzentrieren wir uns zunächst in den Kapiteln V-VIII auf Aktienpreise[1] und in Kapitel IX auf Zinsbewegungen.

■ 23
Ein einperiodisches Optionspreismodell

Zum Einstieg in die Beschreibung von Aktienpreisbewegungen betrachten wir ein einfaches Marktmodell mit einer einzigen Handelsperiode – es gibt also nur den Start-Zeitpunkt 0 und den Endzeitpunkt T. Wir modellieren weiters den Aktienwert S_T zum Endzeitpunkt durch eine Zufallsvariable mit Verteilung

$$S_T = \begin{cases} s_1 & \text{mit Wahrscheinlichkeit } p, \\ s_2 & \text{mit Wahrscheinlichkeit } 1 - p \end{cases}$$

und betrachten eine Option vom europäischen Typ mit Payoff $V_T(s_1) = v_1$, und $V_T(s_2) = v_2$. Wir wollen nun zum jetzigen Zeitpunkt $t = 0$ ein Portfolio aus Anteilen in der zugrunde liegenden Aktie und Anteilen an einer Anleihe („Bargeld") konstruieren (die zur festen Zinsrate $r > 0$ verzinst wird), welches den Payoff der Option zum Zeitpunkt $t = T$ genau repliziert. Wenn sich in diesem Portfolio θ_1 Einheiten von Aktien und θ_0 Einheiten an Bargeld befinden[2], dann ist der Wert des Portfolios zum Zeitpunkt 0 gleich

$$V_0 = \theta_0 + \theta_1 S_0. \tag{23.1}$$

Für die Replikation des Payoffs der Option zur Fälligkeit T muss dann gelten

$$v_1 = \theta_0 e^{rT} + \theta_1 \, s_1,$$
$$v_2 = \theta_0 e^{rT} + \theta_1 \, s_2.$$

---

[1] Für die Beschreibung von Wechselkursen werden auch oft ähnliche Modelle verwendet, die wir zwar nicht explizit erwähnen, aber in einigen Übungsaufgaben motivieren.

[2] Für $\theta_0 \geq 0$ entspricht dies einer Position von θ_0 Nullkupon-Anleihen mit Laufzeit T, Nominale 1 und Zinsrate r, während $\theta_0 < 0$ einem Kredit (ebenfalls mit Zinsrate r) entspricht.

Dies ist ein lineares Gleichungssystem, das wir problemlos nach θ_0 und θ_1 auflösen können:

$$\theta_1 = \frac{v_1 - v_2}{s_1 - s_2},$$

$$\theta_0 = e^{-rT}\left(v_1 - \frac{(v_1 - v_2)s_1}{s_1 - s_2}\right).$$

Somit ergibt sich nach (23.1) der Wert des replizierenden Portfolios zum Zeitpunkt $t = 0$ zu

$$V_0 = S_0\left(\frac{v_1 - v_2}{s_1 - s_2}\right) + e^{-rT}\left(v_1 - \frac{(v_1 - v_2)s_1}{s_1 - s_2}\right). \tag{23.2}$$

Dies muss somit aber auch der faire Preis für die Option sein, da andernfalls Arbitrage-Möglichkeiten bestehen (siehe Übungsaufgabe V.1). Man stellt fest, dass die Verteilung von S_T, also die Wahrscheinlichkeit p, keine Rolle spielt und der Preis unabhängig davon ist! Wir werden im nächsten Abschnitt noch genauer auf diesen Punkt eingehen.

Es ist also möglich, mit θ_0 Anteilen an der Anleihe sowie θ_1 Aktien den Payoff der Option zu replizieren. Dies gibt somit auch schon die Hedging-Strategie für die Option an; wir wollen dies am folgenden Beispiel illustrieren:

Beispiel

Sei der heutige Aktienpreis $S_0 = 100$ EUR, $T = 1$ Jahr, $r = 0.05$, $s_1 = 130$ EUR und $s_2 = 80$ EUR. Betrachten wir eine europäische Call-Option mit Payoff $(S_T - K)^+$ auf diese Aktie mit Ausübungspreis $K = 110$ EUR. Dies ergibt also für den Payoff $v_1 = 20$ EUR und $v_2 = 0$ EUR und nach obiger Formel $\theta_1 = 0.4$ und $\theta_0 = -30.439$. Der Preis der Call-Option in diesem Marktmodell ist somit nach (23.2) $V_0 = 9.561$ EUR.

Die Hedging-Strategie für eine zum Zeitpunkt 0 verkaufte Option ist also wie folgt: Durch den Optionsverkauf erhalten wir 9.561 EUR, leihen uns weiters 30.439 EUR aus und investieren die Summe von 40 EUR in Aktien. Dafür erhalten wir genau 0.4 Aktienanteile. Zum Zeitpunkt T gibt es zwei Möglichkeiten:

(i) $S_T = 130$. Die Option wird ausgeübt, d.h. wir müssen die zugrunde liegende Aktie um $K = 110$ verkaufen, dabei machen wir 20 EUR Verlust. Wir zahlen unseren Kredit zurück ($30.439\,e^{0.05} = 32$ EUR) und verkaufen unsere Aktienanteile (dafür erhalten wir $0.4 \cdot 130 = 52$ EUR). Gesamtbilanz dieses Handels: 0 EUR.

(ii) $S_T = 80$. Die Option wird nicht ausgeübt (keine Kosten). Wir zahlen unseren Kredit zurück (Kosten 32 EUR) und verkaufen unsere Aktienteile (Gewinn $0.4 \times 80 = 32$ EUR). Gesamtbilanz dieses Handels: 0 EUR.

Der Verkauf der Option und der Besitz des Hedge-Portfolios gleichen sich also genau aus, wenn der Preis der Option gleich $V_0 = 9.561$ gesetzt wird. Somit könnte mit jedem anderen Preis Arbitrage erzielt werden (vgl. Übungsaufgabe V.1).

Bemerkung. *Diese einfache Rechnung war nur möglich, da es lediglich zwei mögliche Werte für S_T gab – schon bei einer Aufspaltung in drei mögliche Werte kann man* *im allgemeinen kein Hedge-Portfolio aus Underlying und risikoloser Anleihe mehr konstruieren!*

■ 24
Das Prinzip der risikoneutralen Bewertung

Wie schon erwähnt kommen die Wahrscheinlichkeiten p und $1 - p$ für einen Anstieg bzw. Abfall des Aktienkurses in (23.2) gar nicht vor[3]. Das scheint der Intuition zu widersprechen, denn es wäre naheliegend, anzunehmen, dass für größeres p der Wert der Call-Option größer wird. Dies ist aber offensichtlich nicht der Fall. Insbesondere gilt, dass der Preis der Option *nicht* dem diskontierten Erwartungswert des Payoffs bezüglich p entspricht. Wenn wir jedoch die Variable

$$q = \frac{S_0 e^{rT} - s_2}{s_1 - s_2} \tag{24.3}$$

und entsprechend eine Zufallsvariable

$$\tilde{S}_T = \begin{cases} s_1 & \text{mit Wahrscheinlichkeit } q, \\ s_2 & \text{mit Wahrscheinlichkeit } 1 - q \end{cases}$$

einführen[4], so folgt aus (23.2)

$$V_0 = e^{-rT}\left(qv_1 + (1-q)v_2\right) = e^{-rT}\mathbb{E}[V_T(\tilde{S}_T)]. \tag{24.4}$$

Die Verteilung von $\tilde{S}_T$ ist sehr ähnlich jener von S_T; es wurden nur den möglichen Ausgängen andere Wahrscheinlichkeiten zugeordnet. Diese modifizierte Verteilung wird *risikoneutrales Wahrscheinlichkeitsmaß* genannt und üblicherweise mit $\mathbb{Q}$ bezeichnet[5]. Anstatt von (24.4) schreibt man auch oft

$$V_0 = e^{-rT}\mathbb{E}^{\mathbb{Q}}[V_T(S_T)]. \tag{24.5}$$

Die Bezeichnung „risikoneutral" wird durch folgende Beobachtung verständlich: Der Erwartungswert des Aktienpreises selbst unter diesem neuen Wahrscheinlichkeitsmaß ist

$$\mathbb{E}^{\mathbb{Q}}(S_T) = \left(qs_2 + (1-q)s_1\right) = S_0 e^{rT}, \tag{24.6}$$

wie man durch Einsetzen von (24.3) leicht sieht. Der Aktienpreis wächst also im Durchschnitt wie eine risikolose Vermögensform gemäß der Zinsrate r.[6] Die Verwendung von $\mathbb{Q}$ macht aus dem Markt somit ein „faires Spiel".

---

[3] Benötigt wurde nur die Tatsache, dass p im offenen Intervall $(0, 1)$ liegt.

[4] Wie man sich leicht mittels eines No-Arbitrage-Arguments überzeugt, gilt $q \in (0, 1)$ und somit ist $\tilde{S}_T$ tatsächlich eine Zufallsvariable.

[5] Die ursprüngliche Verteilung (also jene bezüglich p) wird dann auch als *physisches Wahrscheinlichkeitsmaß* (engl. *physical measure*) bezeichnet.

[6] Man nennt S_T dann auch ein *diskontiertes Martingal* unter $\mathbb{Q}$, und $\mathbb{Q}$ entsprechend ein *Martingalmaß*.

Dieses Resultat ist ein spezielles Beispiel für ein wichtiges allgemeines Prinzip, nämlich der *risikoneutralen Bewertung*. Nach dem *Fundamentalsatz der Preistheorie* gibt es in jedem diskreten Markt mit endlichem Zeithorizont, in dem die in Abschnitt 14 angeführten Annahmen (insbesondere No-Arbitrage) erfüllt sind, ein risikoneutrales Maß $\mathbb{Q}$ (also eine „Umgewichtung" der möglichen Ausgänge), sodass die Preise von allen Derivaten als diskontierter Erwartungswert des Payoffs bezüglich $\mathbb{Q}$ berechnet werden können[7].

■ 25
Das Cox-Ross-Rubinstein-Binomialmodell

Betrachten wir nun eine Verallgemeinerung des obigen Preismodells mit N äquidistanten Handelszeitpunkten nT/N im Intervall $[0, T]$ ($n = 1, \ldots, N$), und zwar so, dass der Aktienkurs zu diesen Handelszeitpunkten durch die Verteilung

$$S_{nT/N} = \begin{cases} (1 + b)S_{(n-1)T/N} & \text{mit Wahrscheinlichkeit } p \\ (1 + a)S_{(n-1)T/N} & \text{mit Wahrscheinlichkeit } 1 - p \end{cases} \qquad (25.7)$$

bestimmt ist ($n = 1, \ldots, N$), wobei r wieder die risikolose konstante Zinsrate bezeichnet und aus No-Arbitrage-Gründen $a < e^{rT/N} - 1 < b$ gelten muss (vgl. Übungsaufgabe V.2). Dieses Binomialmodell für die Aktienpreis-Entwicklung bezeichnet man auch als *Cox-Ross-Rubinstein-Modell* (kurz: *CRR-Modell*, siehe Abb. 25.1).

Wir wollen nun in diesem Modell den Preis für ein Derivat bestimmen, das zum Zeitpunkt T ausgeübt werden kann. Es wird schnell klar, dass jeder der $N - 1$ Knoten zum Zeitpunkt $(N - 1)T/N$ des Ereignisbaums als Startwert für ein einperiodisches Modell (vgl. Abschnitt 23) interpretiert werden kann. Somit ergibt sich der Wert des Derivats in jedem dieser Knoten (inklusive einer Hedging-Strategie) genau wie zuvor als diskontierter Erwartungswert des Payoffs unter dem risikoneutralen Wahrscheinlichkeitsmaß und wegen der Symmetrie in (25.7) ergibt sich für jeden dieser Knoten dieselbe risikoneutrale Wahrscheinlichkeit

$$q = \frac{e^{rT/N} - 1 - a}{b - a}. \qquad (25.8)$$

Ein Vergleich mit (24.3) zeigt also, dass sich im CRR-Modell der Aktienpreis bei der Bestimmung von q wegkürzt. Mit den so bestimmten Preisen des Derivats in allen Knoten des Zeitpunktes $(N - 1)T/N$ kann man nun ganz analog die Preise in allen Knoten des Zeitpunktes $t = (N - 2)T/N$ bestimmen und durch iterative Anwendung dieses Prinzips erhält man schließlich den Preis des Derivats zum Beginnzeitpunkt $t = 0$.

---

[7] Siehe Literaturhinweis am Ende des Kapitels. In allgemeineren zeitstetigen Marktmodellen gilt diese Aussage – mit gewissen Einschränkungen, die jedoch die in diesem Buch behandelten Marktmodelle nicht betreffen – noch immer, allerdings gibt es dann oft nicht nur ein eindeutiges risikoneutrales Maß, und man braucht dann weitere Annahmen, um ein geeignetes auszuwählen (siehe auch Abschnitt 38). In der Praxis wird deshalb manchmal direkt von einem risikoneutralen Modell ausgegangen und dieses auf die Marktdaten kalibriert, was letztlich die Wahl des risikoneutralen Maßes vorwegnimmt.

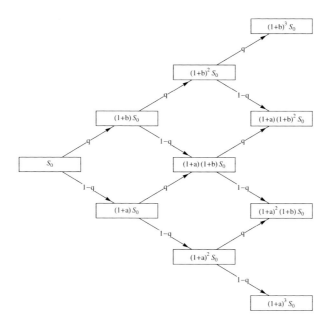

Abb. 25.1. Ereignisbaum für das CRR-Modell.

Betrachten wir zunächst $N = 2$, so kann die Aktie an $t = T$ einen der drei Werte $(1 + b)^2 S_0$, $(1 + a)(1 + b)S_0$ und $(1 + a)^2 S_0$ annehmen; die zugehörigen Payoff-Werte des Derivats seien v_{22}, v_{21} und v_{11}. In diesem Fall ergibt sich

$$V_0 = e^{-rT/2}\Big[q\left(e^{-rT/2}\left(qv_{22} + (1-q)v_{21}\right)\right) +$$
$$(1-q)\left(e^{-rT/2}\left(qv_{21} + (1-q)v_{11}\right)\right)\Big]$$
$$= e^{-rT}\Big[q^2v_{22} + 2q(1-q)v_{21} + (1-q)^2v_{11}\Big].$$

Man erkennt, dass sich der Wert des Derivats durch diese rekursive Struktur als diskontierter Erwartungswert des Payoffs unter der Binomialverteilung mit Parametern $N = 2$ und q schreiben lässt.

Für einen europäischen Call mit Fälligkeit T und Ausübungspreis K ergibt sich für allgemeines N analog

$$V_0 = e^{-rT} \sum_{n=0}^{N} \binom{N}{n} q^n (1-q)^{N-n} \left((1 + b)^n (1 + a)^{N-n} S_0 - K\right)^+ \tag{25.9}$$
$$= \sum_{n=m}^{N} \binom{N}{n} \frac{q^n}{e^{rnT/N}} \frac{(1-q)^{N-n}}{e^{r(N-n)T/N}} \left((1 + b)^n (1 + a)^{N-n} S_0\right)$$
$$-Ke^{-rT} \sum_{n=m}^{N} \binom{N}{n} q^n (1-q)^{N-n},$$

wobei m die kleinste natürliche Zahl ist, für die $S_0(1 + b)^m (1 + a)^{N-m} > K$ gilt.

Unter Verwendung von (25.8) und $q' = q(1 + b)e^{-rT/N}$ folgt $q' \in (0, 1)$ und $1 - q' = (1 - q)(1 + a)e^{-rT/N}$, sodass sich schließlich der Preis einer europäischen Call-Option in diesem Binomialmodell ergibt als:

$$V_0 = S_0 \Psi(m; N, q') - Ke^{-rT} \Psi(m; N, q), \qquad (25.10)$$

mit

$$\Psi(m; N, p) = \sum_{j=m}^{N} \binom{N}{j} p^j (1 - p)^{N-j}.$$

Formel (25.10) ist die so genannte *Cox-Ross-Rubinstein-Formel* (oder auch Binomial-Optionspreis-Formel) für einen europäischen Call.

Wir konnten also durch rekursive Anwendung des 1-periodischen Modells den Preis V_0 einer europäischen Option (bzw. allgemeiner: von Derivaten europäischen Typs) zum Zeitpunkt 0 im Binomialmodell bestimmen. Gleichzeitig ist klar, dass der Wert $V_{nT/N}$ der Option zum Zeitpunkt $t = nT/N$ (wenn also der Aktienpreis $S_{nT/N}$ bereits bekannt ist) durch die Formel

$$V_{nT/N}(S_{nT/N}) = S_{nT/N} \Psi(m_n; N - n, q') - Ke^{-rT(1-n/N)} \Psi(m_n; N - n, q) \qquad (25.11)$$

gegeben ist, wobei m_n die kleinste natürliche Zahl ist, für die $S_{nT/N}(1 + b)^{m_n}(1 + a)^{N-n-m_n} > K$ gilt. Analog zu oben kann man nun die Zusammensetzung des Hedge-Portfolios zum Zeitpunkt $t = nT/N$ bestimmen. Das Portfolio $(\theta_0^{n-1}, \theta_1^{n-1})$ wird über das Zeitintervall $[(n-1)T/N, nT/N)$ gehalten $(n = 1, \ldots, N)$ und muss $V_{nT/N}$ replizieren, d.h.

$$\theta_1^{n-1} S_{nT/N} + \theta_0^{n-1} e^{rT/N} = V_{nT/N}(S_{nT/N}).$$

Setzt man nun für $S_{nT/N}$ die zwei möglichen Werte in Abhängigkeit des bereits bekannten Wertes $S_{(n-1)T/N}$ und für $V_{nT/N}$ die entsprechenden Optionswerte ein, so folgt eine eindeutige Lösung für $(\theta_0^{n-1}, \theta_1^{n-1})$. Allgemein gilt demnach für $1 \leq n \leq N$

$$\theta_1^{n-1} = \frac{V_{nT/N}\big((1 + b)S_{(n-1)T/N}\big) - V_{nT/N}\big((1 + a)S_{(n-1)T/N}\big)}{S_{(n-1)T/N}(b - a)},$$

$$\theta_0^{n-1} = e^{-rT/N} \Bigg(V_{nT/N}\big((1 + b)S_{(n-1)T/N}\big)$$

$$- (1 + b)\frac{V_{nT/N}\big((1 + b)S_{(n-1)T/N}\big) - V_{nT/N}\big((1 + a)S_{(n-1)T/N}\big)}{b - a} \Bigg).$$

Das Hedge-Portfolio besteht also im Zeitintervall $[(n-1)T/N, nT/N)$ aus θ_0^{n-1} Anteilen an der risikolosen Anleihe und θ_1^{n-1} Aktienanteilen und wird zum Zeitpunkt nT/N mit der dann zur Verfügung stehenden Information auf die Zusammensetzung (θ_0^n, θ_1^n) umgestellt. Für diese Umstellung sind keine externen finanziellen Mittel notwendig – es finden also keine finanziellen Zu- oder Abflüsse nach außen statt. Derartige Handelsstrategien werden *selbstfinanzierend* genannt und spielen in der Finanzmathematik eine große Rolle. Wieder fällt auf, dass das physische Wahrscheinlichkeitsmaß für den No-Arbitrage-Preis eines Derivats irrelevant ist.

Bemerkung. *Obwohl das Cox-Ross-Rubinstein-Binomialmodell offensichtlich ein sehr einfaches Modell ist, lässt es sich – wie wir in Kapitel VII sehen werden – bei geeigneter Wahl der Parameter a und b als Diskretisierung des berühmten Black-Scholes-Modells interpretieren. Deshalb wird dieses Binomialmodell in der Praxis häufig für die Entwicklung numerischer Approximationsmethoden verwendet, wenn im Black-Scholes-Modell keine analytischen Lösungen verfügbar sind (siehe Übungsaufgabe V.9 und Abschnitt 29)[8].*

■ 26
Literaturhinweise und Übungsaufgaben

Ein detailliertes und sehr anschauliches Studium des diskreten Modells findet sich in Shreve [59], Lamberton & Lapeyre [42] und Föllmer & Schied [27]. In diesen Büchern wird auch genauer auf den auf S. 39 erwähnten Martingalbegriff eingegangen, der u.a. auch auf eine elegante mathematische Beschreibung von Handelsstrategien führt, auf die wir in diesem Einführungsband nicht näher eingehen können. Für eine präzise Darstellung der Fundamentalsätze der Preistheorie und der Beziehung zwischen No-Arbitrage-Bedingungen und der Existenz von risikoneutralen (bzw. Martingal-) Maßen verweisen wir auf Delbaen & Schachermayer [15].

Übungsaufgaben

V.1. *Erläutern Sie in Formel (23.2) die Arbitrage-Möglichkeit, wenn der am Markt gehandelte Preis für die Option nicht V_0 ist.*

V.2. *Warum gibt es im CRR-Modell Arbitrage-Möglichkeiten, wenn die Ungleichungen $a < e^{rT/N} - 1 < b$ nicht erfüllt sind?*

V.3. *Zeigen Sie, dass im CRR-Modell gilt:*

$$\theta_1^n = \frac{1+b}{b-a}\Psi((m_n-1)^+; N-(n+1), q') - \frac{1+a}{b-a}\Psi(m_n; N-(n+1), q')$$
$$- \frac{e^{-rT(1-(n+1)/N)}K}{S_{nT/N}(b-a)}\left(\Psi((m_n-1)^+; N-(n+1), q) - \Psi(m_n; N-(n+1), q)\right),$$

$$\theta_0^n = Ke^{-rT(1-n/N)}\left(\frac{1+a}{b-a}\Psi((m_n-1)^+; N-(n+1), q) - \frac{1+b}{b-a}\Psi(m_n; N-(n+1), q)\right)$$
$$- S_{nT/N}\frac{(1+b)(1+a)}{e^{rT/N}(b-a)}\left(\Psi((m_n-1)^+; N-(n+1), q') - \Psi(m_n; N-(n+1), q')\right).$$

V.4. *Der derzeitige Preis einer Aktie sei 50 EUR und es sei bekannt, dass er in 2 Monaten entweder 55 EUR oder 47 EUR sein wird. Die risikolose Zinsrate sei 5 % p.a. (stetige Verzinsung). Entwickeln Sie eine Hedgingstrategie für eine europäische Call-Option mit Laufzeit $T = 2$ Monaten und Strike $K = 50$ und bestimmen Sie so deren Preis. Was ist der faire Preis für eine europäische Put-Option mit den gleichen Parametern?*

---

[8]Allerdings ist bei dieser Vorgangsweise auch große Vorsicht geboten (vgl. Abschnitt 46).

V.5. *Der derzeitige Preis einer Aktie sei 100 EUR. Die risikolose Zinsrate sei 5 % p.a. (stetige Verzinsung) und der Aktienpreis sei modelliert durch ein CRR-Modell mit $a = -0.1$, $b = 0.1$ mit vierteljährlichen Preissprüngen. Was ist der heutige faire Preis einer europäischen Call- (bzw. Put-)Option mit $T = 1$ Jahr und $K = 100$? Illustrieren Sie die Gültigkeit der Put-Call-Parität.*

V.6. *Berechnen Sie den Preis V_0 einer europäischen Call-Option im CRR-Modell mit $T = 3$, $r = 0$, $K = 110$ EUR und $S_0 = 100$ EUR unter der Annahme, dass der Aktienpreis an jedem Handelstag um 20 % steigt oder fällt. Berechnen Sie weiters die Hedging-Strategie. Wie kann man einen risikolosen Profit von 1.000.000 EUR erzielen, wenn die Option zu einem Preis von $V_0 + 5$ EUR gehandelt wird?*

V.7. *Der derzeitige Preis S_0 einer Aktie sei 100 EUR und es sei bekannt, dass er in $T = 2$ Monaten entweder 90 EUR oder 115 EUR sein wird. Die risikolose Zinsrate sei 3 % p.a. (stetige Verzinsung). Was ist der faire Preis eines Derivats, das zum Zeitpunkt T einen Payoff von $\log S_T$ liefert?*

V.8. *Der derzeitige Preis S_0 einer Aktie sei 25 EUR und es sei bekannt, dass er in $T = 2$ Monaten entweder $S_T = 23$ EUR oder $S_T = 27$ EUR sein wird. Die risikolose Zinsrate sei 10 % p.a. (stetige Verzinsung). Was ist der faire Preis eines Derivats, das zum Zeitpunkt T einen Payoff von $\log S_T$ liefert?*

V.9. *Der derzeitige Preis einer Aktie sei 100 EUR und sein zukünftiger Verlauf folge einem CRR-Modell mit monatlichen Preissprüngen und $b = 0.1$, $a = -0.05$. Desweiteren sei die risikolose Zinsrate $r = 0.05$. Berechnen Sie durch Rückwärtsrekursion (wie für einen normalen Call) den fairen Preis für eine (diskrete) Barrier-Option, die denselben Payoff wie ein europäischer Call mit Ausübungspreis $K = 105$ und Laufzeit $T = 3$ Monate hat, allerdings nur eine Auszahlung bringt, wenn der Aktienpreis während der Laufzeit nie $B = 115$ übersteigt.*

V.10. *Betrachten Sie ein Beispiel einer (in der Praxis sehr liquiden) Cliquet-Option mit Payoff $P = \sum_{i=1}^{n} \left(S_{t_i}/S_{t_{i-1}} - K \right)^{+}$ und leiten Sie dafür eine Preisformel im CRR-Modell mit monatlichen Preissprüngen her, wobei $t_i = i$ Monate bezeichnet. Wie lautet der resultierende Optionspreis für $K = 0.05$ und Laufzeit $T = 5$ Monate im CRR-Modell aus Übungsaufgabe V.9? Argumentieren Sie, warum sich das CRR-Modell eigentlich nicht gut zur Bepreisung von Cliquet-Optionen eignet.*

V.11. *Berechnen Sie im Modell aus Übungsaufgabe V.9 den fairen Preis einer Bermudan Put-Option mit Laufzeit $T = 5$ Monate, möglichen Ausübungszeitpunkten $t_i = i$ Monate ($i = 1, \dots, 5$) und Strike $K = 100$. Hinweis: Da diese Option zu jedem Beobachtungszeitpunkt t_i ausgeübt werden kann, wird der wie in Abschnitt 25 durch Rückwärtseinsetzen gewonnene Wert V_t^G der entsprechenden europäischen Put-Option auf einem bestimmten Knoten G des Zeitpunktes t durch*

$$\max\{V_t^G, K - S^G\}$$

ersetzt, wobei S^G den Aktienpreis auf diesem Knoten bezeichnet.

VI Das Black-Scholes-Modell

Obwohl das im letzten Kapitel behandelte Binomialmodell und dessen Replikations-Strategien sehr anschaulich sind, vereinfacht es die Realität zu sehr, um unmittelbar relevant zu sein. In diesem Kapitel wollen wir nun ein allgemeineres zeitstetiges Modell betrachten, das heutzutage als klassisches Modell der Finanzmathematik gilt.

Bezeichnen wir mit S_n den Aktienpreis am Ende des n-ten Handelstages, dann ist die (tägliche) *Rendite* (engl. *Return*[1]) der Aktie $(S_{n+1} - S_n)/S_n = S_{n+1}/S_n - 1$ die relative Änderung des Aktienpreises während eines Handelstages. Es zeigt sich, dass der *log-Return* $\log S_{n+1}/S_n$ eine noch besser handhabbare Größe ist[2], da sich der log-Return über k Tage

$$\log S_k/S_0 = \log S_1/S_0 + \cdots + \log S_k/S_{k-1}$$

dann einfach als Summe der täglichen log-Returns ergibt (bzw. auch die täglichen log-Returns als Summe stündlicher log-Returns interpretiert werden können etc.)[3]. Unter der Annahme, dass log-Returns disjunkter, aber äquidistanter, Zeitintervalle unabhängig und identisch verteilt sind, ergibt sich aus dem Zentralen Grenzwertsatz der Wahrscheinlichkeitstheorie die Heuristik, dass log-Returns (als Summe vieler kleiner unabhängiger und identisch verteilter Zufallsvariablen mit endlicher Varianz) annähernd normalverteilt sind[4]. Wir suchen also ein stochastisches Marktmodell, das in stetiger Zeit definiert ist und in dem log-Returns in jedem beliebigen Zeitabschnitt normalverteilt sind. Die so genannte *geometrische Brownsche Bewegung*, mit der wir uns in der Folge beschäftigen werden, erfüllt diese Eigenschaften.

Für eine formale Definition betrachten wir zunächst jenen stochastischen Prozess, der als Eckpfeiler der stochastischen Analysis und auch der modernen Finanzmathematik dient.

---

[1] Wir werden in der Folge den gebräuchlicheren englischen Ausdruck verwenden.

[2] In diesem Buch ist der Logarithmus immer als natürlicher Logarithmus (also mit Basis e) zu verstehen.

[3] Man beachte, dass für kleine relative Änderungen des Aktienpreises der log-Return dem Return sehr „ähnlich" ist, vgl. die Taylor-Entwicklung $\log x = (x-1) - (x-1)^2/2 + \ldots$

[4] Konkrete Annahmen, unter denen dieses Argument rigoros gilt, werden etwa im Lemma der Seite 56 gegeben. In Kapitel VIII werden wir die Gültigkeit der Normalverteilungseigenschaft an realen Marktdaten testen.

■ 27
Die Brownsche Bewegung und der Itô-Kalkül

Definition

Brownsche Bewegung. Eine *Brownsche Bewegung*[5] (bzw. ein *Wiener-Prozess*) ist eine Zufallsfunktion $(W_t : t \in \mathbb{R})$, für die gilt:

(i)   Mit Wahrscheinlichkeit 1 gilt $W_0 = 0$ und W_t ist eine stetige Funktion in t.

(ii) Für jedes $t \geq 0$ und $h > 0$ ist das Inkrement $W_{t+h} - W_t$ normalverteilt mit Mittelwert 0 und Varianz h, also

$$W_{t+h} - W_t \sim N(0, h). \tag{27.1}$$

(iii) Für jedes n und beliebige Zeitpunkte $t_0 < t_1 < \ldots < t_{n-1} < t_n$ sind die Zuwächse $W_{t_j} - W_{t_{j-1}}$ ($j = 1, \ldots, n$) unabhängig.

Daraus folgt insbesondere, dass W_t für jedes t selbst normalverteilt ist mit Mittelwert 0 und Varianz t und die Inkremente von W_t *stationär* sind, d.h. die Verteilung von $W_{t+h} - W_t$ ist unabhängig von t.

Die Brownsche Bewegung (vgl. Abb. 27.1) selbst wurde zur Modellierung von Börsenkursen von Louis Bachelier im Jahre 1900 vorgeschlagen[6].

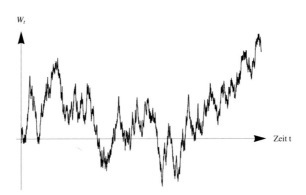

Abb. 27.1. Stichprobenpfad einer Brownschen Bewegung.

---

[5] Die Brownsche Bewegung ist nach dem schottischen Botaniker Robert Brown (1773–1858) benannt, der 1827 unter dem Lichtmikroskop Zick-Zack-Bewegungen von Bestandteilen von Pollenkörnern beobachtete. Als wahrer Entdecker dieser Bewegungen gilt allerdings der holländische Botaniker Jan Ingenhousz (1730–1799), der sie bereits 1785 bei der Untersuchung von Holzkohlestaub auf Alkohol beschrieb. Die korrekte physikalische Interpretation dieser Bewegungen als eine Folge unregelmäßiger Stöße der sich ständig bewegenden Atome und Moleküle erfolgte dann 1905 durch Albert Einstein bzw. 1906 durch Marian Smoluchowski.

[6] Louis Bachelier (1870–1946) wird heute als einer der Gründerväter der Finanzmathematik gesehen. Er schrieb seine Dissertation „Théorie de la spéculation" im Jahre 1900 an der Sorbonne in Paris und führte darin (fünf Jahre vor Albert Einstein) die mathematische Behandlung der Brownschen Bewegung ein. Sein Betreuer Henri Poincaré unterstützte Bachelier und veranlasste die Publikation der Arbeit im renommierten Journal „Annales Scientifiques de l'École Normale Supériore". Obwohl Andrey Kolmogorov

Aus der Eigenschaft (27.1) folgt

$$\Delta W_t := W_{t+\Delta t} - W_t \sim \epsilon \sqrt{\Delta t},$$

wobei ϵ eine standard-normalverteilte Zufallsvariable ist. Damit können wir nun das Verhalten der infinitesimalen Zuwächse dW_t (also ΔW_t für $\Delta t \to 0$) untersuchen. Zunächst haben wir

$$dW_t \sim \epsilon \sqrt{dt}. \tag{27.2}$$

Als Pendant zum Ausdruck dW_t definieren wir nun für geeignete Funktionen f das *stochastische Integral*[7]

$$\int_0^T f(t)\, dW_t := \lim_{n\to\infty} \sum_{j=1}^n f(t_{j-1})\,(W_{t_j} - W_{t_{j-1}}) \quad \text{mit} \quad t_j = \frac{jT}{n}. \tag{27.3}$$

In dieser Definition ist es zentral, dass die Funktionsauswertung von f jeweils an der linken Intervallgrenze erfolgt (anders als beim klassischen Riemann-Integral ist dieser Aspekt hier wesentlich!). Für $f \equiv 1$ folgt dann sofort $\int_0^T dW_t = W_T$. Mit einfachen Moment-Eigenschaften der Normalverteilung kann man nun zeigen, dass (siehe Übungsaufgabe VI.1)

$$\lim_{n\to\infty} \mathbb{E}\left[\left(\sum_{n=1}^n (W_{t_j} - W_{t_{j-1}})^2 - T\right)^2\right] = 0. \tag{27.4}$$

Man könnte dieses Resultat nach Definition (27.3) mit $f \equiv 1$ auch interpretieren als

$$\int_0^T (dW_t)^2 = T,$$

oder weiters

$$(dW_t)^2 = dt. \tag{27.5}$$

Aus dieser Perspektive kann man argumentieren, dass nach Quadrieren von (27.2) die Zufälligkeit von $(dW_t)^2$ in erster Ordnung „vernachlässigt" werden kann (dies gilt genaugenommen natürlich nur im Sinne der obigen Abweichungen im quadratischen Mittel, für alle Anwendungen in diesem Buch ist die heuristische Ersetzung (27.5) jedoch richtig.).

Ausgehend vom infinitesimalen Inkrement dW_t lässt sich nun eine ganze Klasse von stochastischen Prozessen definieren, deren Dynamik von einer Brownschen Bewegung bestimmt wird:

$$dX_t = \mu(X_t, t)\, dt + \sigma(X_t, t)\, dW_t, \tag{27.6}$$

---

die Arbeit gesehen und gewürdigt hatte, geriet sie in Vergessenheit und wurde erst vom Ökonomen Paul Samuelson mehr als 50 Jahre später in der Bibliothek von Harvard wiedergefunden, weiterentwickelt (siehe nächster Abschnitt) und gelangte so noch zu spätem, aber verdientem Ruhm.

[7] Ein Integral über einen stochastischen Prozess zu bilden ist ein mathematisch heikler und anspruchsvoller Vorgang – wir werden hier in der Folge nur heuristisch argumentieren (was für unsere Zwecke ausreicht) und verweisen für eine rigorose Behandlung dieses mathematischen Objekts auf die Literaturhinweise am Ende des Kapitels.

wobei hier $\mu(x,t)\colon \mathbb{R} \times \mathbb{R}^+ \to \mathbb{R}$ und $\sigma(x,t)\colon \mathbb{R} \times \mathbb{R}^+ \to \mathbb{R}$ determinische Funktionen bezeichnen. Gleichungen vom obigen Typ nennt man *stochastische Differentialgleichungen* und stochastische Prozesse X_t, die (27.6) erfüllen, werden bei der Modellierung von Börsenkursen in weiterer Folge eine wesentliche Rolle spielen (es handelt sich hierbei um so genannte *Itô-Prozesse*[8] bzw. *Diffusions-Prozesse*). Die stochastische Differentialgleichung (27.6) kann man dabei als eine Schreibweise für

$$\int_0^T dX_t = \int_0^T \mu(X_t,t)\,dt + \int_0^T \sigma(X_t,t)\,dW_t$$

auffassen[9]. Es wird sich zeigen, dass ausgehend von (27.6) des Öfteren eine Gleichung für $f(X_t,t)$ für eine hinreichend glatte Funktion f benötigt wird. Diesen Transformationsschritt wollen wir nun heuristisch herleiten.

Satz

> **Itô-Lemma.** Sei $f(x,t)$ eine hinreichend glatte Funktion und der stochastische Prozess X_t durch (27.6) definiert. Dann gilt (mit Wahrscheinlichkeit 1) für $f(X_t,t)$:
>
> $$df(X_t,t) = \left(\frac{\partial f}{\partial X_t}\mu(X_t,t) + \frac{\partial f}{\partial t} + \frac{1}{2}\frac{\partial^2 f}{\partial X_t^2}\sigma^2(X_t,t) \right) dt + \frac{\partial f}{\partial X_t}\sigma(X_t,t)\,dW_t.$$
> $$(27.7)$$

Beweisskizze. Für das infinitesimale Inkrement $df(X_t,t)$ ergibt eine formale Taylorreihen-Entwicklung bis inklusive 2. Ordnung

$$
\begin{aligned}
df(X_t,t) &= f(X_{t+dt},t+dt) - f(X_t,t) \\
&= \frac{\partial f}{\partial X_t}dX_t + \frac{\partial f}{\partial t}dt + \frac{1}{2}\frac{\partial^2 f}{\partial X_t^2}(dX_t)^2 + \frac{\partial^2 f}{\partial X_t \partial t}dX_t\,dt + \frac{1}{2}\frac{\partial^2 f}{\partial t^2}(dt)^2 + \dots
\end{aligned}
$$

Einsetzen von (27.6) und Verwendung von (27.5) liefert dann[10]

$$df(X_t,t) = \left(\frac{\partial f}{\partial X_t}\mu(X_t,t) + \frac{\partial f}{\partial t} + \frac{1}{2}\frac{\partial^2 f}{\partial X_t^2}\sigma^2(X_t,t) \right) dt + \frac{\partial f}{\partial X_t}\sigma(X_t,t)\,dW_t + o(dt).$$

Somit folgt schließlich (27.7). □

Wegen der Eigenschaft (27.5) kommt also bei Diffusions-Prozessen der Form (27.6) bereits im Differential erster Ordnung $df(X_t)$ ein zusätzlicher Term vor, der die zweite Ableitung von f enthält. Aus der Itô-Formel (27.7), die die Kettenregel der stochastischen Analysis darstellt, lassen sich nun auch Produkt- und Quotientenregel herleiten (siehe Übungsaufgaben VI.5 und VI.6).

---

[8] K. Itô (1915-2008) entwickelte u.a. auch das Konzept des nach ihm benannten stochastischen Integrals in rigoroser Weise und erhielt für seine Verdienste im Bereich der stochastischen Analysis den Gauss-Preis 2006 der Internationalen Mathematischen Union.

[9] Man beachte, dass hier i.a. auch der Integrand im stochastischen Integral auf der rechten Seite ein stochastischer Prozess ist.

[10] $f(x) = o(x)$ bedeutet hier, dass $f(x)/x \to 0$ für $x \to 0$.

■ 28
Das Black-Scholes-Modell

Sei S_t der Aktienpreis zum Zeitpunkt t. Das Modell von Bachelier, wonach S_t einer Brownschen Bewegung folgt, hatte u.a. den Nachteil, dass die Aktienpreise in diesem Modell negativ werden können. Auf der Grundlage der Arbeit von Bachelier modifizierte P. Samuelson[11] das Modell und führte 1965 die *geometrische Brownsche Bewegung*

$$dS_t = S_t(\mu\, dt + \sigma\, dW_t) \quad (\mu, \sigma \ldots \text{konstant}) \tag{28.8}$$

als Aktienpreismodell ein. Die Konstanten μ und σ werden als *erwartete Return-Rate (Drift)* bzw. *Volatilität* [12] bezeichnet.

Man sieht sofort, dass der in (28.8) definierte Prozess S_t ein Spezialfall eines Itô-Prozesses mit $\mu(S_t, t) = S_t\mu$ und $\sigma(S_t, t) = S_t\sigma$ für die konstanten Werte σ und μ ist. Wendet man die Itô-Formel (27.7) mit $f(S_t, t) = \log S_t$ an, so folgt (siehe Übungsaufgabe VI.2)

$$d(\log S_t) = (\mu - \sigma^2/2)\, dt + \sigma\, dW_t \tag{28.9}$$

und mit $W_0 = 0$ somit für jedes $T > 0$

$$\log S_T - \log S_0 = (\mu - \sigma^2/2)\, T + \sigma(W_T - W_0) = (\mu - \sigma^2/2)\, T + \sigma W_T.$$

Da W_T normalverteilt ist, gilt folglich

$$\log S_T \sim N\Big(\log S_0 + (\mu - \sigma^2/2)\, T,\, \sigma^2 T\Big).$$

Im Modell der geometrischen Brownschen Bewegung ist der Aktienpreis zu jedem beliebigen Zeitpunkt T also log-normalverteilt (insbesondere auch immer positiv!) mit

$$\mathbb{E}(S_T) = S_0 e^{\mu T} \quad \text{und} \quad \text{Var}(S_T) = S_0^2 e^{2\mu T}(e^{\sigma^2 T} - 1). \tag{28.10}$$

Eine anschauliche Interpretation der Parameter μ und σ ergibt sich aus einer Diskretisierung der Gleichung (28.8):

$$\frac{\Delta S_t}{S_t} = \mu\Delta t + \sigma\epsilon\sqrt{\Delta t} \sim N(\mu\,\Delta t,\, \sigma^2\Delta t),$$

wobei $\Delta S_t = S_{t+\Delta t} - S_t$ die Änderung des Aktienpreises S in einem kleinen Zeitintervall Δt darstellt und $\epsilon \sim N(0, 1)$. Die Größe $\Delta S_t / S_t$ ist (wie zu Beginn des Kapitels definiert) der Return der Aktie und setzt sich also zusammen aus dem erwarteten Return $\mu\Delta t$ und einer zufälligen (normalverteilten) Komponente $\sigma\epsilon\sqrt{\Delta t}$. Die Standardabweichung des Returns in der Zeitspanne Δt ist also $\sigma\sqrt{\Delta t}$. Im Gegensatz zum Modell von Bachelier ist bei diesem Aktienpreismodell der Return dS_t / S_t der

---

[11] Paul Samuelson (geb. 1915) erhielt für seine Arbeiten in vielen Gebieten der Ökonomie den Nobelpreis für Wirtschaftswissenschaften 1970 und ist u.a. für die Namensgebung „amerikanische" und „europäische" Optionen verantwortlich.

[12] Die Volatilität wird in der Praxis oft in % angegeben – eine Volatilität von 25% entspricht also $\sigma = 0.25$.

Aktie unabhängig von der Höhe des Aktienpreises S_t (was intuitiv für ein Modell erstrebenswert erscheint).

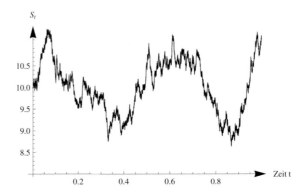

Abb. 28.2. Stichprobenpfad einer geometrischen Brownschen Bewegung mit Parametern $\mu = 0.1$, $\sigma = 0.25$ und $S_0 = 100$.

Erst die bahnbrechenden Arbeiten von F. Black, M. Scholes und R. Merton (1973)[13] zeigten, wie für dieses Modell stochastische Methoden eingesetzt werden können, um Optionspreise explizit zu berechnen, weswegen das Modell heutzutage ihren Namen trägt. Das *Black-Scholes-Modell* (auch oft *Black-Merton-Scholes-Modell* genannt) ist also ein kontinuierliches Finanzmarktmodell mit endlichem Zeithorizont T, das den Annahmen aus Abschnitt 14 genügt und zwei Finanzgüter enthält, nämlich eine festverzinsliche Anlageform (einem Bankkonto, das auch short Positionen zulässt, mit kontinuierlicher Verzinsung bei konstanter Zinsrate r) und ein Underlying (z.B. eine Aktie) mit Preisverlauf $(S_t : t \in \mathbb{R}^+)$ gemäß der geometrischen Brownschen Bewegung (28.8) mit konstantem Drift μ und konstanter Volatilität σ.

■ 29
Literaturhinweise und Übungsaufgaben

Für eine rigorose Einführung in die Theorie der Brownschen Bewegung und der stochastischen Analysis empfehlen sich die Bücher von Karatzas & Shreve [38], Rogers & Williams [55] oder Øksendal [51]. Eine anschauliche historische Darstellung der Entwicklung des Itô-Kalküls ist Schachermayer & Teichmann [57]. Die Originalarbeiten von Black & Scholes [7] und R. Merton [48] sind ebenfalls relativ gut lesbar.

Übungsaufgaben

VI.1. *Zeigen Sie die Gültigkeit von* (27.4).

VI.2. *Zeigen Sie die Gültigkeit von* (28.9).

---

[13]Myron Scholes (geb. 1941) und Robert Merton (geb. 1944) wurde 1997 für ihre Arbeit auf dem Gebiet der Bewertung von Derivaten der Nobelpreis für Wirtschaftswissenschaften zuerkannt. Fisher Black (1938–1995) war zu diesem Zeitpunkt bereits verstorben.

VI.3. *Zeigen Sie, dass die ersten beiden Momente des Aktienpreises im Modell der geometrischen Brownschen Bewegung tatsächlich durch (28.10) gegeben sind.*

VI.4. *Zeigen Sie mithilfe der Itô-Formel, dass $d(W_t^2) = dt + 2W_t \, dW_t$ gilt und somit*

$$\int_0^T W_t \, dW_t = \frac{1}{2} W_T^2 - \frac{T}{2}. \tag{29.11}$$

VI.5. *Leiten sie eine Formel (Produktregel) für $d\left(f(X_t, t) \cdot g(X_t, t)\right)$ aus der Itô-Formel her.*

VI.6. *Leiten sie eine Formel (Quotientenregel) für $d\left(f(X_t, t)/g(X_t, t)\right)$ aus der Itô-Formel her.*

VI.7. *Der Aktienpreis sei durch eine geometrische Brownsche Bewegung mit einer Volatilität von 25 % ($\sigma = 0.25$) und einem erwarteten jährlichen Return von 10 % ($\mu = 0.10$) modelliert. Der derzeitige Preis sei $S_0 = 100$ EUR. Wie groß ist die Wahrscheinlichkeit, dass eine*

(a) europäische Call-Option
(b) europäische Put-Option

auf die Aktie mit Strike $K = 90$ EUR und $T = 1$ Jahr ausgeübt werden wird?

VII Die Formel von Black-Scholes

Für das im letzten Kapitel vorgestellte Black-Scholes-Modell ist es nun möglich, eine explizite Formel für den No-Arbitrage-Preis einer europäischen Call- bzw. Put-Option herzuleiten. Dies kann auf mehrere unterschiedliche Arten geschehen; wir wollen hier zwei Methoden nachvollziehen.

Zunächst betrachten wir im folgenden Abschnitt 30 einen direkten Zugang zur Black-Scholes-Formel als Lösung einer parabolischen partiellen Differentialgleichung. In Abschnitt 31 werden wir dann sehen, dass das Black-Scholes-Modell sich als Grenzwert des diskreten Cox-Ross-Rubinstein-Modells aus Abschnitt 25 interpretieren lässt und sich folglich der Call-Preis im Black-Scholes-Modell durch einen geeigneten Grenzübergang des diskreten Modells ergibt.

■ 30
Herleitung via partiellen Differentialgleichungen

Bezeichne $C(S, t)$ den europäischen Call-Preis zum Zeitpunkt t auf ein Finanzgut mit Preis-Prozess $S = S_t$ gemäß einer geometrischen Brownschen Bewegung (28.8). Bezeichne weiters π_t den Wert eines Portfolios zum Zeitpunkt t, das einen solchen Call und eine Anzahl Δ („Delta") von Short-Positionen in dem Finanzgut enthält, welche die durch den Call verursachte Variabilität ausgleichen („hedgen") sollen. Wir haben also

$$\pi_t = C(S, t) - \Delta \cdot S.$$

Für die Veränderung des Portfolio-Werts in einem infinitesimalen Zeitintervall $[t, t + dt)$ ergibt sich daraus (mit $C = C(S, t)$)

$$d\pi_t = dC - \Delta \cdot dS.$$

Wegen der Itô-Formel (27.7) gilt

$$dC = \left(\frac{\partial C}{\partial S} \mu S + \frac{\partial C}{\partial t} + \frac{1}{2} \frac{\partial^2 C}{\partial S^2} \sigma^2 S^2 \right) dt + \frac{\partial C}{\partial S} \sigma S \, dW_t$$

und somit weiters

$$d\pi_t = \left(\frac{\partial C}{\partial t} + \frac{1}{2} \frac{\partial^2 C}{\partial S^2} \sigma^2 S^2 \right) dt + \left(\frac{\partial C}{\partial S} - \Delta \right) dS.$$

Die stochastische Komponente (repräsentiert durch dS) in obiger Summe lässt sich also eleminieren, wenn wir zum Zeitpunkt t

$$\Delta = \frac{\partial C}{\partial S}$$

Short-Positionen im zugrunde liegenden Finanzgut halten. Da das daraus resultierende Portfolio dann risikolos ist, muss es sich wegen der No-Arbitrage-Bedingung auch wie das risikolose (reine Bond-)Portfolio

$$d\pi_t = r\,\pi_t\,dt$$

verhalten (sonst könnte man sofort risikolos Gewinn machen!). Somit gilt für jedes $S > 0$

$$\left(\frac{\partial C}{\partial t} + \frac{1}{2}\frac{\partial^2 C}{\partial S^2}\,\sigma^2\,S^2\right) dt = r\left(C - \frac{\partial C}{\partial S}\cdot S\right) dt$$

bzw.

$$\frac{\partial C}{\partial t} + \frac{\sigma^2 S^2}{2}\frac{\partial^2 C}{\partial S^2} + r\,S\,\frac{\partial C}{\partial S} - r\,C = 0. \tag{30.1}$$

Diese (lineare parabolische) partielle Differentialgleichung für den Call-Preis $C(S, t)$ wird auch *Black-Scholes-Gleichung* genannt und ist mit der sog. Wärmeleitungsgleichung verwandt. In der obigen Herleitung ist die spezifische Payoff-Struktur der Call-Option noch nicht eingegangen – die Black-Scholes-Gleichung ist im Black-Scholes-Modell für alle Derivate vom europäischen Typ erfüllt. Daher brauchen wir zur Preisbestimmung eines Derivats mittels (30.1) noch eine *Endbedingung* (und eventuell Randbedingungen), die durch den Payoff des Derivats bestimmt sind. Mit der spezifizierten Endbedingung gehört obige Differentialgleichung dann zur Klasse der Rückwärtsgleichungen (engl. *backward equation*)[1]. Im Falle der europäischen Call-Option mit Fälligkeit T und Strike K ist diese Endbedingung gegeben durch

$$C(S, T) = (S - K)^+, \tag{30.2}$$

also den Payoff zum Fälligkeitszeitpunkt T. Zusätzlich kann man sich aus den einfachen No-Arbitrage-Schranken von Abschnitt 19 leicht überlegen, dass die Randbedingungen

$$C(0, t) = 0, \quad \lim_{S\to\infty} C(S, t)/S = 1$$

für alle $t \in [0, T]$ gelten müssen. Die Gleichung (30.1) mit Endbedingung (30.2) und obigen Randbedingungen lässt sich (eindeutig) analytisch lösen (siehe Übungsaufgabe VII.1) und man erhält

Satz | **Formel von Black-Scholes.** Im Black-Scholes-Modell ist der Preis einer europäischen Call Option bei bekannten Parametern K, T, r, σ und S_0 gegeben

---

[1]Während andere typische Wärmeleitungsgleichungen Anfangsbedingungen benötigen (da dort die Zeitableitung das entgegengesetzte Vorzeichen hat), ist hier der Endzustand bekannt und die Rückwärtsgleichung gut handhabbar.

durch

$$C_0 = S_0 \Phi(d_+) - e^{-rT} K \Phi(d_-) \qquad (30.3)$$

mit

$$d_\pm = \frac{\log(S_0/K) + (r \pm \frac{1}{2}\sigma^2)T}{\sigma\sqrt{T}},$$

wobei $\Phi(x)$ die Verteilungsfunktion der Standard-Normalverteilung bezeichnet.

■ 31
Herleitung als Grenzwert des CRR-Modells

Die Black-Scholes-Formel für einen Call-Preis kann auch erhalten werden, wenn man das CRR-Modell als (diskrete) Approximation des Aktienpreises interpretiert und dann den Grenzübergang der CRR-Formel zum kontinuierlichen Modell durchführt. Wir modellieren den Aktienpreis also vorerst mittels eines CRR-Modells, das an S_0 beginnt und an einer endlichen Anzahl n von (äquidistant gewählten) Zeitpunkten seinen Wert ändern kann. Die Handelszeitpunkte sind demnach durch $\{0, h, 2h, \ldots, nh\} \subset [0, T]$ mit $h = T/n$ gegeben und die Idee ist nun, in diesem Modell mit dem Grenzübergang $n \to \infty$ die Black-Scholes-Formel wiederzufinden. Hierfür müssen wir (in Abhängigkeit von n) die passenden Sprung-Parameter $a(n)$ und $b(n)$ im CRR-Modell wählen. Wir definieren

$$1 + b(n) = e^{rT/n} e^{+\sigma\sqrt{T/n}} \quad \text{und} \quad 1 + a(n) = e^{rT/n} e^{-\sigma\sqrt{T/n}}, \qquad (31.4)$$

wobei $\sigma > 0$ fest gewählt wird. Einsetzen von (31.4) in (25.8) liefert für die risiko-neutrale Wahrscheinlichkeit

$$q(n) = \frac{1 - e^{-\sigma\sqrt{T/n}}}{e^{+\sigma\sqrt{T/n}} - e^{-\sigma\sqrt{T/n}}}.$$

Damit ist der Return R_i der Aktie über das Zeitintervall $(iT/n, (i+1)T/n)$ für $i = 1, \ldots n$ unter dem risikolosen Wahrscheinlichkeitsmaß $\mathbb{Q}$ gegeben durch

$$R_i(n) = \begin{cases} e^{rT/n} e^{+\sigma\sqrt{T/n}} - 1 & \text{mit Wahrscheinlichkeit } q(n), \\ e^{rT/n} e^{-\sigma\sqrt{T/n}} - 1 & \text{mit Wahrscheinlichkeit } 1 - q(n). \end{cases}$$

Nun betrachten wir

$$Z(n) := \sum_{i=1}^{n} \log\left(\frac{R_i(n) + 1}{e^{rT/n}}\right),$$

und stellen fest, dass

$$e^{-rT} S_T = S_0 \cdot e^{-rT} \prod_{i=1}^{n}(R_i(n) + 1) = S_0 \cdot \exp\left(\sum_{i=1}^{n} \log\left(\frac{R_i(n) + 1}{e^{rT/n}}\right)\right) = S_0 \cdot e^{Z(n)}.$$

Es ergibt sich also aus Kapitel V für beliebiges n der Call-Preis

$$C_0(n) = \mathbb{E}^{\mathbb{Q}}\left[\left(S_0\, e^{Z(n)} - e^{-rT}K\right)^+\right]. \tag{31.5}$$

Es bleibt zu zeigen, dass $C_0(n)$ für $n \to \infty$ gegen den Preis im Black-Scholes-Modell konvergiert.

Lemma

> **Zentraler Grenzwertsatz.** Sei $(Y_k(n))_{k\leq n}$ für jedes n eine Folge unabhängiger und identisch verteilter Zufallsvariablen mit Erwartungswert $\mu(n)$ und Varianz $\sigma^2(n)$. Falls
>
> $$\lim_{n\to\infty} n\mu(n) = \mu < \infty, \quad \lim_{n\to\infty} n\sigma^2(n) = \sigma^2 < \infty \quad \text{und } |Y_k(n)| \leq M(n)$$
>
> mit Konstanten $M(n)$, sodass $M(n) \xrightarrow{n\to\infty} 0$, dann gilt[2]
>
> $$Z(n) = \sum_{i=1}^{n} Y_i(n) \xrightarrow{d} Z,$$
>
> wobei die Zufallsvariable $Z \sim N(\mu, \sigma^2)$ normalverteilt ist mit Erwartungswert μ und Varianz σ^2.

Um diese Version des zentralen Grenzwertsatzes anwenden zu können, müssen wir zunächst prüfen, ob Erwartungswert und Varianz der Zufallsvariable

$$Y_i(n) := \log\left(\frac{R_i(n) + 1}{e^{rT/n}}\right) = \begin{cases} \sigma\sqrt{T/n} & \text{mit Wahrscheinlichkeit } q(n) \\ -\sigma\sqrt{T/n} & \text{mit Wahrscheinlichkeit } 1 - q(n) \end{cases}$$

die Bedingungen des Lemmas erfüllen. Für den Erwartungswert gilt

$$\mathbb{E}[Y_i(n)] = \sigma\sqrt{T/n}\, q(n) - \sigma\sqrt{T/n}\,(1 - q(n)) = (2q(n) - 1)\,\sigma\sqrt{T/n}.$$

Es ist also zu zeigen, dass $2q(n) - 1$ von der Ordnung $1/\sqrt{n}$ ist. Dies ergibt sich aus einer Taylorentwicklung der Funktion nach $\sqrt{T/n}$ (vgl. Übungsaufgabe VII.3)[3]

$$2q(n) - 1 = 1 - 2(1 - q(n)) = 1 - 2\,\frac{e^{+\sigma\sqrt{T/n}} - 1}{e^{+\sigma\sqrt{T/n}} - e^{-\sigma\sqrt{T/n}}}$$

$$= -\frac{\sigma\sqrt{T}}{2}\,\frac{1}{\sqrt{n}} + O(1/n).$$

---

[2] Die Schreibweise $\xrightarrow{d}$ bedeutet hier, dass die Verteilungsfunktion von $Z(n)$ gegen jene von Z konvergiert. Für Details bzgl. Konvergenzbegriffen und einem Beweis des zentralen Grenzwertsatzes verweisen wir auf Kersting & Wakolbinger [40].

[3] $f(n) = O(g(n))$ bedeutet hier, dass es $M, n_0 > 0$ gibt, sodass $f(n) \leq M g(n)$ für alle $n \geq n_0$; $f(n) = o(g(n))$ dagegen bedeutet $f(n)/g(n) \to 0$ für $n \to \infty$.

Für die Varianz gilt dann

$$\mathrm{Var}[Y_i(n)] = \mathbb{E}[Y_i(n)^2] - \mathbb{E}^2[Y_i(n)] = \frac{\sigma^2 T}{n} - \left(-\frac{\sigma^2 T}{2n} + o(1/n)\right)^2 = \frac{\sigma^2 T}{n} + o(1/n).$$

Damit folgt aus der obigen Version des zentralen Grenzwertsatzes also $Z(n) \xrightarrow{d} Z$ mit $Z \sim N(-\frac{1}{2}\sigma^2 T, \sigma^2 T)$ und $C_0(n)$ konvergiert somit gegen[4]

$$C_0 = \mathbb{E}\left[\left(S_0 \, e^Z - e^{-rT}K\right)^+\right].$$

Diesen Ausdruck können wir nun wie folgt berechnen: Wir standardisieren Z und sehen, dass die Zufallsvariable $X = (1/\sigma\sqrt{T})(Z + \frac{1}{2}\sigma^2 T) \sim N(0,1)$. Anders ausgedrückt gilt $Z = -\frac{1}{2}\sigma^2 T + \sigma\sqrt{T}X$ für $X \sim N(0,1)$, sodass sich der Grenzwert von $C_0(n)$ aus folgendem Integral ergibt:

$$\begin{aligned}
C_0 &= \int_{-\infty}^{\infty} \left(S_0 e^{-\sigma^2 T/2 + \sigma\sqrt{T}x} - e^{-rT}K\right)^+ \frac{e^{-\frac{1}{2}x^2}}{\sqrt{2\pi}} \, dx \\
&= S_0 \int_{\gamma}^{\infty} e^{-\sigma^2 T/2} e^{\sigma\sqrt{T}x - \frac{1}{2}x^2} \frac{dx}{\sqrt{2\pi}} - Ke^{-rT}(1 - \Phi(\gamma)) \\
&= S_0 \int_{\gamma}^{\infty} e^{-\frac{(x-\sigma\sqrt{T})^2}{2}} \frac{dx}{\sqrt{2\pi}} - Ke^{-rT}(1 - \Phi(\gamma)) \\
&= S_0\left(1 - \Phi(\gamma - \sigma\sqrt{T})\right) - Ke^{-rT}(1 - \Phi(\gamma)),
\end{aligned}$$

wobei $\Phi(x)$ die Verteilungsfunktion der Standard-Normalverteilung bezeichnet und

$$\gamma = \frac{\log(K/S_0) + (\frac{1}{2}\sigma^2 - r)T}{\sigma\sqrt{T}}.$$

Diese Formel lässt sich nun wegen $1 - \Phi(x) = \Phi(-x)$ umschreiben und wir erhalten die Black-Scholes-Formel (30.3).

■ 32
Diskussion der Formel und Hedging

Indem wir in (30.3) T durch $T - t$ und S_0 durch S_t ersetzen, ergibt sich sofort der Wert C_t der Option zum Zeitpunkt t. Man kann die Option in diesem Fall auch als einen Vertrag betrachten, der zum Zeitpunkt t mit Laufzeit $T - t$ abgeschlossen wurde:

$$C_t = S_t \Phi(d_{t+}) - e^{-r(T-t)}K\Phi(d_{t-}), \tag{32.6}$$

---

[4]Strikt gesprochen muss das Hineinziehen des Grenzwerts in den Erwartungswert (also das Integral) in (31.5) noch gerechtfertigt werden. Dazu zeigt man entweder, dass $(S_0 \, e^{Z(n)} - e^{-rT}K)^+$ gleichgradig integrierbar ist, oder macht die gesamte Herleitung zunächst für eine Put-Option (wo dominierte Konvergenz den Vertauschungsschritt rechtfertigt) und wendet dann die Put-Call-Parität an.

mit

$$d_{t\pm} = \frac{\log(S_t/K) + (r \pm \frac{1}{2}\sigma^2)(T-t)}{\sigma\sqrt{T-t}}.$$

Wenden wir die Put-Call-Parität auf (32.6) an, so ergibt sich der Preis einer europäischen Put-Option P_t mit den gleichen Parametern im Black-Scholes-Modell zu

$$P_t = Ke^{-r(T-t)}\Phi(-d_{t-}) - S_t\Phi(-d_{t+}). \tag{32.7}$$

Wir untersuchen nun das Verhalten des Preises C_t (analoge Überlegungen können für P_t erfolgen):

Für steigendes S_t wachsen $d_{t\pm}$ in (32.6) unbeschränkt, sodass $\Phi(d_{t\pm})$ gegen 1 und C_t somit gegen $S_t - Ke^{-r(T-t)}$ strebt. Die Option bekommt also die Bedeutung eines Forward-Vertrages mit Ausübungspreis K, da es „sicher" ist, dass sie zum Zeitpunkt T ausgeübt wird. Wenn die Volatilität σ gegen 0 geht, wird $d_{t\pm}$ ebenfalls unendlich groß; die dann risikolose Aktie verhält sich wie ein Bond (bzw. Geld in der Bank).

Für $t \to T$ (d.h. die Laufzeit geht gegen 0) und $S_t > K$ gilt $d_{t\pm} \to +\infty$ und $e^{-r(T-t)} \to 1$, sodass C_t gegen $S_t - K$ strebt. Im Fall $S_t < K$ ist $\log(S_t/K) < 0$, sodass $d_{t\pm} \to -\infty$ und $C_t \to 0$. Somit gilt, wie erwartet, $C_t \to (S_T - K)^+$ für $t \to T$.

Aus (32.6) lässt sich eine natürliche Hedging-Strategie ableiten, da der Wert der Option zum Zeitpunkt t als Linearkombination von Aktieneinheiten S_t und Bondeinheiten B_t gegeben ist mit $B_0 = 1$ und $B_t = e^{rt}B_0 = e^{rt}$. Es folgt also folgende Zusammensetzung für das (die Call-Option) replizierende Portfolio zum Zeitpunkt t:

Satz

> **Hedging-Strategie für Black-Scholes.** Der Wert C_t der Option kann durch Handeln mit der Aktie risikolos erzeugt werden. Dazu muss das Portfolio zum Zeitpunkt t θ_t^0 Bondanteile und θ_t^1 Aktienanteile beinhalten mit
>
> $$\theta_t^0 = -Ke^{-rT}\Phi(d_{t-}), \qquad \theta_t^1 = \Phi(d_{t+}).$$

Bemerkung. *Der Optionspreis (30.3) hängt von der risikolosen Zinsrate r und der Volatilität σ der Aktie ab, nicht jedoch von der Drift μ des Aktienpreises. In die Herleitung geht nur ein, dass μ konstant ist, die Größe von μ ist für den Optionspreis irrelevant! Anders ausgedrückt: Zwei Investoren sind sich bezüglich des Optionspreises einig, obwohl sie sich uneinig bezüglich des erwarteten Returns der Aktie sein können!*

Bemerkung. *Wie im CRR-Modell gibt es auch im Black-Scholes-Modell ein (eindeutiges) risikoneutrales Wahrscheinlichkeitsmaß $\mathbb{Q}$, mit dem die Preise von Derivaten als diskontierter Erwartungswert bezüglich $\mathbb{Q}$ berechnet werden können. Man kann zeigen, dass die Verteilung des Aktienpreises S unter $\mathbb{Q}$ gegeben ist via*

$$dS_t = S_t(rdt + \sigma dW_t^{\mathbb{Q}}),$$

wobei $W^{\mathbb{Q}}$ eine Brownsche Bewegung (unter $\mathbb{Q}$) ist. Das heißt also, dass die „Umgewichtung" der Ausgänge im Black-Scholes-Modell durch Änderung des erwarteten Returns von μ auf r stattfindet[5].

---

[5]Dies lässt sich heuristisch durch Grenzwertbildung im CRR-Modell sehen, für einen formalen Beweis mit dem sog. *Satz von Girsanov* siehe Literaturhinweise am Ende des Kapitels.

Sehr oft werden im Black-Scholes-Modell Dividenden berücksichtigt, indem ange-nommen wird, dass sie zu einer konstanten Rate q und proportional zum Aktienpreis ausgezahlt werden. Diese Annahme ist zwar für Einzeltitel unrealistisch[6], hat aber den Vorteil, dass das Modell unter $\mathbb{Q}$ nur leicht modifiziert werden muss, nämlich in der Form

$$dS_t = S_t((r - q)dt + \sigma dW_t^{\mathbb{Q}}).$$

Das Black-Scholes-Modell lässt sich auch für die Modellierung von Wechselkursen adaptieren, wenn man annimmt, dass sowohl die Heim- (engl. domestic*) als auch die Fremdwährung (engl.* foreign*) eine konstante risikolose Zinsrate haben (r_d bzw. r_f). Der Wechselkurs S_t unter dem risikoneutralen Maß $\mathbb{Q}$ ist dann gegeben als*

$$dS_t = S_t((r_d - r_f)dt + \sigma dW_t^{\mathbb{Q}}).$$

Siehe hierzu auch Übungsaufgabe VII.5.

■ 33
Delta-Hedging und die „Griechen"

In der Herleitung der Black-Scholes-Gleichung in Abschnitt 30 haben wir gesehen, dass sich mit *Delta*

$$\Delta = \frac{\partial C(S_t, t)}{\partial S_t} \tag{33.8}$$

Short-Positionen in der Aktie das mit der Call-Option verbundene Risiko „weg-hedgen" lässt, d.h. das Portfolio sich bei dieser Wahl von Δ wie eine deterministische Anlage verhält (man nennt das dann eine Δ-neutrale Position). Allerdings hängt der Wert Δ vom Zeitpunkt t und momentanen Finanzgut-Wert S_t ab, d.h. man muss das Portfolio ständig (kontinuierlich!) anpassen (*rebalancieren*, engl. *rehedgen*), was in der Praxis natürlich nicht möglich ist. Vielmehr hat man in der Realität nur die Möglichkeit, zu diskreten Zeiten zu rebalancieren, wodurch ein so genannter *Hedge-Fehler* entsteht. Auf diesen Aspekt werden wir in Abschnitt 34 näher eingehen. Die in (33.8) definierte Größe Δ ist als Ableitung nach dem derzeitigen Preis des Underlyings auch ein wichtiges Maß für die Sensitivität des Call-Preises auf eine Änderung des Finanzgut-Preises S_t. Abb. 33.1 zeigt das Delta für eine europäische Call-Option als Funktion von Strike und Laufzeit.

Eine weitere wichtige Größe in diesem Zusammenhang ist das *Gamma*,

$$\Gamma := \frac{\partial^2 C(S_t, t)}{\partial S_t^2},$$

das also die Sensitivität der Größe Δ auf eine Änderung von S_t misst und somit auch ein Richtwert dafür ist, wie oft beim Δ-Hedgen rebalanciert werden muss, damit der Hedge-Fehler nicht zu groß wird (wenn z.B. Γ nahe bei 0 ist, wird eine kleine Änderung des Aktien-Preises nur eine geringe Auswirkung auf die Änderung des notwendigen Δ haben und somit ein Rebalancieren nicht so wichtig sein wie im Falle

---

[6]Für Indizes ist diese Forderung besser erfüllt.

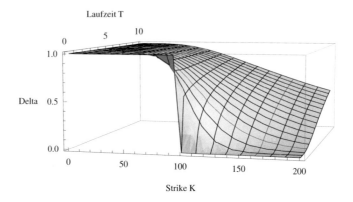

Abb. 33.1. Das Delta eines europäischen Calls im Black-Scholes-Modell mit Parametern $r = 0.04$, $\sigma = 0.2$ und $S_0 = 100$ als Funktion von Strike K und Laufzeit T in Jahren.

großer Γ-Werte). Man möchte also typischerweise das Γ eines Portfolios möglichst gering halten[7]. Die Sensitivität des Call-Preises bezüglich der Laufzeit bezeichnet man mit *Theta*,

$$\Theta := \frac{\partial C(S_t, t)}{\partial t},$$

und die Sensitivität bezüglich der Volatilität wird mit

$$\text{Vega} := \frac{\partial C(S_t, t)}{\partial \sigma}$$

gemessen. Schließlich wird die Sensitivität bzgl. der Zinsrate mit *Rho*,

$$\rho := \frac{\partial C(S_t, t)}{\partial r}$$

bezeichnet. All diese Hedge-Parameter werden mit dem Begriff „die Griechen" zusammengefasst und bilden nützliche Werkzeuge beim Hedgen eines Portfolios von Finanztiteln.

■ 34
Funktioniert Hedging?

Wir rekapitulieren die Annahmen, die wir brauchten, um zu einem risikolosen Portfolio aus einer Call-Option und $-\Delta$ Aktien zu gelangen:

1. Keine Transaktionskosten, liquide Märkte.
2. Kontinuierliches Rehedging.
3. Die Parameter des (Black-Scholes)-Modells sind bekannt, sodass der faire Wert der Option und das Delta berechnet werden können.

---

[7]Was in der Praxis auch oft durch Hinzunahme anderer Optionen ins Portfolio (z.B. Optionen mit anderen Strikes) geschieht.

Für große Marktteilnehmer spielen die Transaktionskosten (außer es würde wirklich kontinuierliches Rehedging angewandt) eine vernachlässigbare Rolle. Die Liquidität der Märkte ist aber, wie sich etwa in den letzten Monaten des Jahres 2008 zeigte, manchmal ein erhebliches Problem. Optionspositionen, die nicht durch eine entsprechende Aktienposition abgesichert sind, können zu enormen Ausschlägen im Aktienkurs führen, wenn die Stillhalter sich zur Erfüllung der Option mit Aktien eindecken müssen, die dann ein knappes Gut sind.

Kontinuierliches Rehedging (bei jeder Bewegung des Aktienkurses) kann schon deshalb nicht praktikabel durchgeführt werden, da einerseits die Einzelorders dann zu klein würden, andererseits dann die Transaktionskosten doch nicht mehr vernachlässigbar wären. Mögliche Strategien für das Rehedging sind zumindest die folgenden:

- An bestimmten vorgegebenen Zeitpunkten wird das Portfolio wieder in den risikolosen Zustand gebracht.
- Sobald das (theoretische) Delta der Option auf der Basis des aktuellen Aktienkurses vom Aktienbestand, der für das Hedging verwendet wird, um eine vorgegebene Schranke abweicht, wird ein Rehedging durchgeführt.[8]

Ein kritischer Punkt bei der Erstellung des risikolosen Portfolios ist, dass es drei unterschiedliche Volatilitäten gibt, die, auch wenn sich die Aktie in der Black-Scholes-Welt bewegt, eine Rolle spielen:

1. Beim Eingehen einer Optionsposition wird ein σ_1 der Black-Scholes-Volatilität verwendet, um den fairen Preis zu ermitteln[9]. Sobald sich die Vertragsparteien darüber einig sind, ist der Preis festgelegt.
2. Ein Delta-Hedger berechnet auf der Basis eines möglicherweise anderen Wertes σ_2 seine Handelsstrategie, die selbstfinanzierend sein sollte.
3. Und schließlich gibt es noch σ_3, den wahren Wert für die Volatilität in diesem Modell.

Stimmen diese drei Volatilitäten überein, so könnte eine mögliche Realisierung etwa wie in Abb. 34.2 aussehen (Laufzeit 365 Tage, $r = 5\,\%$, $\sigma = 25\,\%$, tägliches Rehedging für eine europäische Call-Option mit $S_0 = K = 100$ ohne Transaktionskosten). Die geringfügige Abweichung des Portofoliowerts von einem risikolosen Aufzinsen ergibt sich aus dem nicht perfekten Hedging.

Ist die tatsächliche Volatilität σ_3 höher als die von den Marktteilnehmern angenommene, dann ist das eine günstige Situtation für den Käufer der Option (der ja vom positiven Vega profitiert), umgekehrt verliert er, wenn die tatsächliche Volatilität niedriger ist. Abb. 34.3 zeigt diese Situation.

---

[8]Whalley & Wilmott[62] schlugen noch ein weiteres Vorgehen nach etwas anderen Kriterien vor, das in Simulationsexperimenten bei gleicher Hedging-Qualität zu niedrigeren Hedging-Transaktionskosten führte als die beiden oben angeführten Verfahren.

[9]σ_1 kann einfach eine Schätzung des wahren Werts sein oder aber auch Illiquidität widerspiegeln, dass also z.B. jemand bereit ist, einen höheren Optionspreis zu zahlen, um trotzdem die Option zu erhalten, was sich dann als höheres „verwendetes" σ_1 interpretieren lässt.

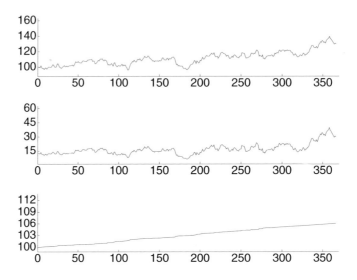

Abb. 34.2. Aktienkurs (mit $\mu = r$), Optionswert und Entwicklung des gehedgten Portfolios.

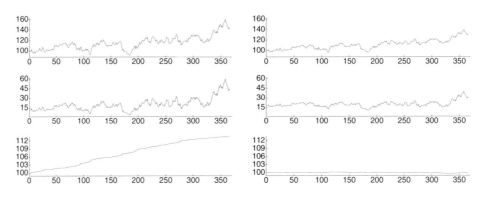

Abb. 34.3.   Hedging mit falschen Volatilitäten. Links: $\sigma_1 = \sigma_2 = 25\,\%$, $\sigma_3 = 40\,\%$, Rechts: $\sigma_1 = \sigma_2 = 40\,\%$, $\sigma_3 = 25\%$.

■ 35
Literaturhinweise und Übungsaufgaben

Verschiedene Herleitungen der Black-Scholes-Formel kann man beispielsweise in Elliott & Kopp [21], Baxter & Rennie [3], Duffie [18] oder Wilmott [63] finden (in letzterem ist die konstruktive Lösung der Black-Scholes-Differentialgleichung detailliert angeführt) – Andreasen, Jensen & Paulsen [1] beschreiben sogar acht verschiedene Methoden. Für die Modellierung von Wechselkursen mittels einer Adaptierung des Black-Scholes-Modells sei auf Garman & Kohlhagen [30] verwiesen.

Übungsaufgaben

VII.1. *Zeigen Sie, dass die Black-Scholes-Formel* (30.3) *für europäische Call-Optionen tatsächlich die Lösung der Gleichung* (30.1) *mit Endbedingung* (30.2) *ist.*

VII.2. *Zeigen Sie, dass die Annahmen im Lemma von Seite 56 die Lindeberg-Bedingung*

$$\lim_{n\to\infty} \frac{1}{n\sigma^2(n)} \sum_{k=1}^{n} \mathbb{E}[Y_k(n)^2 1_{\{|Y_k(n)|>\epsilon\}}] \to 0 \quad \textit{für alle } \epsilon > 0$$

implizieren und somit die Aussage des Lemmas folgt.

VII.3. *Zeigen Sie, dass die Taylorentwicklung für $2q - 1$ nach $\sqrt{T/n}$ um 0 tatsächlich gegeben ist durch $-\sigma/2 \cdot \sqrt{T/n} + o(1/\sqrt{n})$.*

VII.4. *Der Aktienpreis sei beschrieben durch eine geometrische Brownsche Bewegung mit Volatilität $\sigma = 0.25$. Nehmen Sie weiters an, dass $S_0 = 100$ und die risikolose Zinsrate $r = 0.04$ ist. Berechnen Sie für eine Laufzeit von $T = 1$ Jahr und Ausübungspreis $K = 105$ den Call-Preis sowie alle Griechen. Wiederholen Sie die Berechnungen für einen Put mit gleichen Spezifikationen und überprüfen Sie die Put-Call-Parität.*

VII.5. *Zeigen Sie, sowohl mithilfe des Hedging-Arguments aus Abschnitt 30 als auch mithilfe der Verteilung unter dem risikoneutralen Maß $\mathbb{Q}$, dass der Preis C_0 eines europäischen Calls mit Laufzeit T und Strike K auf eine Aktie mit Dividendenrate q gegeben ist durch*

$$C_0 = e^{-qT} S_0 \Phi(d_+) - e^{-rT} K \Phi(d_-)$$

mit

$$d_\pm = \frac{\log(S_0/K) + (r - q \pm \frac{1}{2}\sigma^2)T}{\sigma\sqrt{T}}.$$

Hinweis: Beim Hedging-Argument muss man berücksichtigen, dass man $q\Delta S_t\, dt$ als Dividendenausschüttung erhält.

Mit denselben Argumenten kann man übrigens auch zeigen, dass im Garman-Kohlhagen-Modell der Preis C_0 durch obige Formel (mit r_f an Stelle von q) gegeben ist.

VII.6. *Verwenden Sie das Resultat aus Übungsaufgabe V.3, um mittels Grenzübergang zu zeigen, dass das Hedge-Portfolio für einen Call im CRR-Modell aus Abschnitt 25 zum Zeitpunkt 0 gegen das Hedge-Portfolio für den Call im Black-Scholes-Modell konvergiert. Schließen Sie daraus, dass θ_1^0 eine diskrete Approximation des Deltas des Calls darstellt.*

Aufgaben mit Mathematica und UnRisk

VII.7. *Betrachten Sie ein Black-Scholes-Modell mit $r = 0.04$, einer Volatilität $\sigma = 18\%$ und der Preis der Aktie zum Zeitpunkt 0 sei 20 EUR. Implementieren Sie nun in Mathematica eine Funktion, die den Preis einer Call Option mit einem Ausübungspreis von 25 EUR in Abhängigkeit des derzeitigen Preises der Aktie berechnet, und plotten Sie diese für Laufzeiten 0,1 und 2 Jahre (vgl. Abb. 35.4).*

VII.8. *Leiten Sie explizite Formeln für die „Griechen" im Black-Scholes-Modell her. Überprüfen Sie Ihre Ergebnisse unter Verwendung des symbolischen Differenzierens von Mathematica.*

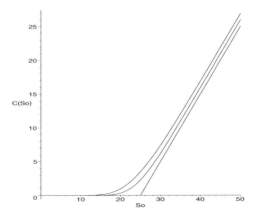

Abb. 35.4. Wert der Call Option in Abhängigkeit von S_0 für $T = 0, 1, 2$.

VII.9. *Verwenden Sie Mathematica, um die „Griechen" in Abhängigkeit des Aus-übungspreises bzw. der Fälligkeit des Call zu plotten.*

VII.10. *Verwenden Sie Mathematica, um den Call-Preis als Funktion des Ausübungs-preises für verschiedene Laufzeiten zu plotten. Implementieren Sie einen Schieberegler, der es erlaubt, die Fälligkeit dynamisch zu verändern.*

VII.11. *Verwenden Sie die UnRisk Kommandos* `MakeEquity`, `MakeVanillaEquityOption` *und* `Valuate`, *um den Wert einer europäischen und einer amerikanischen Put-Option zu vergleichen. Wann unterscheiden sich diese Werte wenig, wann signifikant?*

VIII Allgemeinere Aktienmarkt-Modelle

■ 36
Unzulänglichkeiten des Black-Scholes-Modells

Wir haben in Kapitel VII gesehen, dass sich im Black-Scholes-Modell der Preis von europäischen Call- und Put-Optionen explizit berechnen lässt und die Annahme normalverteilter Log-Returns über den Zentralen Grenzwertsatz auch eine anschauliche Interpretation hat. Empirische Studien zeigen jedoch, dass Log-Returns tatsächlich gehandelter Aktien oder Indizes typischerweise nicht normalverteilt sind, sondern unsymmetrisch (also schief) sind und fettere Tails haben (also eine höhere Wahrscheinlichkeit für besonders große bzw. kleine Werte aufweisen) als die Normalverteilung. Abb. 36.1 illustriert dies am Beispiel des S&P 500, wobei die empirischen Log-Returns über den Zeitraum von Jänner 1999 bis Dezember 2008[1] (also 10 Jahre) mit einem Normalverteilungs-Fit verglichen werden. Neben der offensichtlichen Verschiedenheit der Dichten ergeben sich hier für den Schiefekoeffizienten bzw. für die Kurtosis[2] der empirischen Verteilung Werte von -0.156658 bzw. 10.6682, die deutlich von den Werten der Normalverteilung (0 bzw. 3) abweichen.

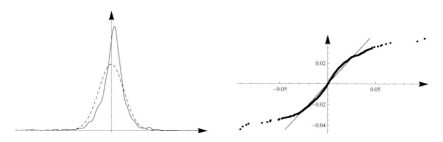

Abb. 36.1. Tägliche Log-Returns des S&P 500 (1999-2008). Links: Empirische Dichte (durchgezogen) und Dichte der gefitteten Normalverteilung (strichliert); rechts: QQ-Plot der empirischen Verteilung gegen die gefittete Normalverteilung.

Ein mathematisches Modell ist per se immer eine Vereinfachung der Wirklichkeit und sollte eher als Hilfsmittel denn als exakte Beschreibung der Realität verstanden werden. Trotz seiner Unzulänglichkeiten ist das Black-Scholes-Modell aus diesem Grund und wegen seiner Transparenz und Einfachheit sowohl in der Theorie als auch

---

[1] Datenquelle: *Yahoo Finance*.

[2] Der Schiefekoeffizient (die Kurtosis) einer Verteilung ist definiert als ihr zentriertes und skaliertes 3. (bzw. 4.) Moment.

in der Praxis nach wie vor beliebt und wird gerne als Benchmark-Modell eingesetzt, um qualitative Aussagen über Marktsituationen bzw. Handelsstrategien zu machen. Allerdings haben viele Marktteilnehmer in den letzten Jahren doch – speziell bei der Bewertung von Derivaten – auf flexiblere, aber auch komplexere Marktmodelle gesetzt. Bei Verallgemeinerungen des Black-Scholes-Modells sind in der Praxis vor allem Modelle beliebt, die die Grundstruktur des Black-Scholes-Modells beibehalten und durch Adaptierungen den einen oder anderen Nachteil zu korrigieren versuchen.

Ein spezifische Unzulänglichkeit des Black-Scholes-Modells manifestiert sich im so genannten *Volatilitäts-Smile*. Zur Erläuterung dieses Phänomens bemerken wir zunächst, dass in der Formel von Black-Scholes zur Bepreisung eines europäischen Calls genau ein Parameter (a priori) frei wählbar ist, nämlich die Volatilität σ. Alle anderen Parameter sind entweder durch den Kontrakt selbst (wie Laufzeit oder Strike) oder durch No-Arbitrage-Überlegungen festgelegt (siehe Kapitel III). Andererseits gibt es einen liquiden Markt für europäische Calls, die beispielsweise an der Eurex in Frankfurt oder der CBOE gehandelt werden und deren Preise sich somit ebenso wie die Preise für Primärgüter durch Angebot und Nachfrage regulieren. Somit lässt sich zu jeder gehandelten Option die *implizierte Volatilität* (engl. *implied volatility*) bestimmen, indem die Black-Scholes-Formel als Funktion von σ gleich dem Marktwert C^{Markt} des Calls gesetzt wird[3]. Die implizierte Volatilität $\hat{\sigma}$ ist also definiert als die (eindeutige) Lösung der Gleichung[4]:

$$S_t \Phi \left(d_+(\hat{\sigma}) \right) - e^{-r(T-t)} K \Phi \left(d_-(\hat{\sigma}) \right) = C^{\text{Markt}}(S_t, K, t, T), \qquad (36.1)$$

wobei

$$d_{\pm}(\hat{\sigma}) = \frac{\log(S_t/K) + (r \pm \frac{1}{2}\hat{\sigma}^2)(T - t)}{\hat{\sigma}\sqrt{T - t}}.$$

Wäre das Black-Scholes-Modell zutreffend, müsste das resultierende $\hat{\sigma}$ für alle europäischen Optionen auf dasselbe Underlying identisch sein. Das ist aber auf realen

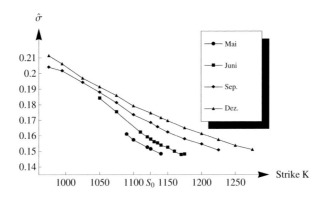

Abb. 36.2. Implizierte Volatilitäten für Calls als Funktion des Strikes für vier verschiedene Laufzeiten (Daten wie in Abb. 18.1).

---

[3] Auch die Bezeichnung *Implizite Volatilität* ist gebräuchlich.
[4] Siehe hierzu auch Übungsaufgabe VIII.1.

Märkten nicht erfüllt. Es zeigt sich, dass $\hat{\sigma}$ im Allgemeinen sowohl von der Laufzeit, als auch vom Strike der europäischen Option abhängt (siehe Abb. 36.2)[5].

Offenbar kann das Black-Scholes-Modell also nicht alle Informationen des Marktes, also alle verfügbare Marktpreise, modellieren. Somit können einige, eventuell entscheidende, Markteigenschaften nicht berücksichtigt werden, was zu ernsten Fehlern in der arbitragefreien Bepreisung von neuen Derivaten im Markt führen kann. Daher wurde in den letzten Jahren eine Vielzahl von Erweiterungen und Verbesserungen des Black-Scholes-Modells vorgeschlagen, von denen wir nun einige näher behandeln wollen.

■ 37
Dupire-Modell

Das *Dupire-* oder *lokales Volatilitäts*-Modell wurde von B. Dupire bzw. E. Derman und I. Kani 1994 eingeführt, um den Volatilitäts-Smile zufriedenstellend modellieren zu können. Die Grundidee besteht darin, die Volatilität (statt einer Konstanten wie im Black-Scholes-Modell) als Funktion der Zeit und des Aktienpreises zu modellieren. Genauer wird der Aktienpreis als Itô-Prozess modelliert und nimmt folgende Form an:

$$\frac{dS_t}{S_t} = \mu(S_t, t)dt + \sigma(S_t, t)dW_t. \tag{37.2}$$

Unter der Annahme, dass sowohl μ als auch σ beschränkt und stetig differenzierbar[6] sind, existiert eine Lösung dieser stochastischen Differentialgleichung.

Nun kann man unter Verwendung der Itô-Formel und mit Argumenten analog zur Herleitung der Black-Scholes-Formel zeigen, dass der Preis $C(S, t)$ eines europäischen Calls im Dupire-Modell mit $S = S_t$ folgende partielle Differentialgleichung erfüllt:

$$\frac{\partial C}{\partial t} + \frac{\sigma^2(S, t) S^2}{2} \frac{\partial^2 C}{\partial S^2} + r S \frac{\partial C}{\partial S} - r C = 0 \tag{37.3}$$

für $S \in (0, \infty)$ mit der Endbedingung $C(S, T) = (S - K)^+$.

Wir stellen fest, dass der Call-Preis auch im Dupire-Modell unabhängig vom erwarteten log-Return μ ist und der einzige Unterschied zur Black-Scholes-Gleichung die variable Volatilität ist. Falls nun die Volatilität σ unabhängig vom Aktienpreis ist, also $\sigma(S_t, t) = \sigma(t)$ gilt, kann man (37.3) explizit lösen und der Call-Preis ist gegeben durch

$$C(S_t, K, t, T) = S_t \Phi(d_+) - e^{-r(T-t)} K \Phi(d_-) \tag{37.4}$$

mit

$$d_\pm = \frac{\log(S_t/K) + (T - t)r \pm \frac{1}{2} \int_t^T \sigma(s)^2 \, ds}{\sqrt{\int_t^T \sigma(s)^2 \, ds}}.$$

---

[5]Die resultierende Kurve (als Funktion des Strikes) wird wegen ihrer „lächelnden" Form *Volatilitäts-Smile* genannt, obwohl sich für Optionen auf Aktien das „Lächeln" meist (wie auch in Abb. 36.2) etwas verschoben präsentiert (deshalb ist auch die selbsterklärende Bezeichnung *volatility smirk* gebräuchlich). Für Optionen im FX-Markt ist der Smile typischerweise ausgeprägter.

[6]Diese Annahmen können abgeschwächt werden. Für eine detaillierte Studie von stochastischen Differentialgleichungen siehe Øksendal [51].

Diese Formel ist also eine direkte Verallgemeinerung der Black-Scholes-Formel (die man mit $\sigma(t) \equiv \sigma$ zurückerhält).

Zeitabhängige Volatilität kann nun dazu verwendet werden, die Abhängigkeit der implizierten Volatilität von der Zeit (die sog. *term structure*) zu beschreiben. Allerdings sieht man aus (37.4), dass in diesem Modell die implizierte Volatilität für Calls mit verschiedenen Strikes aber derselben Laufzeit konstant ist. Das heißt, dass auch das Modell mit zeitabhängiger Volatilität nicht konsistent mit den Marktpreisen von Optionen sein kann und man die Volatilität tastächlich als Funktion der Zeit *und* des Aktienpreises modellieren sollte. Bei einem solch allgemeinen Ansatz kann man praktisch alle möglichen implizierten Volatilitätsstrukturen beschreiben, wie wir in Kapitel XII noch genauer sehen werden. Jedoch lässt sich die Gleichung (37.3) nicht mehr explizit lösen und man ist somit auf numerische Verfahren – wie beispielsweise auf die in Kapitel X vorgestellten Lösungsalgorithmen für partielle Differentialgleichungen – für die Berechnung des Call-Preises angewiesen[7]. Auch für die Berechnung von komplexeren, exotischen Optionen müssen im Allgemeinen numerische Verfahren angewandt werden. Andererseits ist das Dupire-Modell ein *vollständiges* Marktmodell. Das heißt es ist – zumindest theoretisch – möglich, durch stetiges Handeln des Underlyings und des risikolosen Bonds jede Option zu replizieren. Allerdings ist diese Vollständigkeit trügerisch, da man für die konkrete Hedging-Strategie die Volatilitätsfunktion exakt kennen muss, was natürlich in realen Märkten nicht möglich ist.

■ 38
Stochastische Volatilitätsmodelle

Die Darstellung der Volatilität als Funktion des Aktienpreises und der Zeit im vorigen Kapitel erlaubt zwar einen Fit des beobachteten Volatilitäts-Smiles, bringt allerdings keine ökonomischen Einsichten in das Verhalten des Aktien-Preises. Wir werden nun eine andere Möglichkeit der Erweiterung des Black-Scholes-Modells betrachten, die ökonomisch besser interpretierbar ist und einige wichtige Eigenschaften von realen Preis-Prozessen widerspiegelt. Konkret nehmen wir an, dass die Volatilität des Aktienpreises selbst zufällig ist und durch einen stochastischen Prozess $\{\sigma_t : t \geq 0\}$ beschrieben werden kann. Somit ergibt sich für S_t die Dynamik

$$\frac{dS_t}{S_t} = \mu\, dt + \sigma_t dW_t, \tag{38.5}$$

wobei W_t wiederum eine Brownsche Bewegung bezeichnet. Als Kandidaten für eine geeignete Wahl des Volatilitäts-Prozesses $\{\sigma_t : t \geq 0\}$ wurden in den letzten Jahren viele verschiedene Prozesse vorgeschlagen – eine Mindestanforderung sollte sein, dass der Prozess nicht negativ werden kann.

Das heute in der Praxis am häufigsten verwendete Modell wurde 1993 von Heston vorgeschlagen und ist als *Heston-Modell* bekannt. In diesem Modell folgt die Varianz des Aktienkurses, also die quadrierte Volatilität $v_t = \sigma_t^2$, einem speziellen Itô-Prozess,

---

[7]Alternativ kann man auch von (37.2) ausgehend ein Monte Carlo Verfahren anwenden, siehe Kapitel XI.

nämlich dem sog. *Cox-Ingersoll-Ross-Prozess* (kurz: CIR-Prozess)

$$dv_t = \kappa(\theta - v_t)dt + \lambda\sqrt{v_t}\,d\tilde{W}_t, \qquad (38.6)$$

wobei $\kappa, \theta, \lambda, v_t > 0$ gilt und $\tilde{W}_t$ eine Brownsche Bewegung ist. Dieser Prozess besitzt die sog. *Mean-Reversion*-Eigenschaft: Der Drift-Term $\kappa(\theta - v_t)$ in (38.6) ist positiv, wenn v_t kleiner als θ und negativ, falls $v_t > \theta$ ist. Der Prozess v_t tendiert also im Mittel zum Wert θ hin (schwankt also entsprechend einer Diffusion um den *long-term mean* θ). Der Parameter κ ist ein Maß für die Geschwindigkeit der Mean-Reversion (*Mean-Reversion Speed*). Den Parameter λ nennt man die *volatility of volatility*, obwohl er genaugenommen eher die Volatilität der Varianz parametrisiert. Da die Brownsche Bewegung $\tilde{W}_t$ als Funktion der Zeit mit Wahrscheinlichkeit 1 stetig ist, gilt dies auch für die Varianz v_t. Da aber für $v_t = 0$ folgt, dass $dv_t = \kappa\theta dt$ mit $\kappa, \theta > 0$, kann v_t mit Wahrscheinlichkeit 1 nicht negativ werden (was für die Konsistenz des Modells essentiell ist). Wenn

$$2\kappa\theta > \lambda \qquad (38.7)$$

(die sog. *Feller-Bedingung*), ist der CIR-Prozess mit Wahrscheinlichkeit 1 sogar strikt positiv. Abb. 38.3 zeigt einen Stichprobenpfad eines CIR-Prozesses.

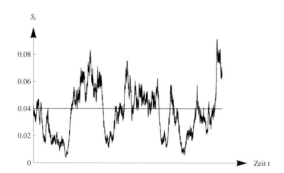

Abb. 38.3. Beispielpfad eines CIR-Prozesses mit $v_0 = 0.04$, $\kappa = 2.5$, $\theta = 0.04$ und $\lambda = 0.3$.

Die Brownschen Bewegungen W_t und $\tilde{W}_t$ in (38.5) bzw. (38.6) sind nicht unabhängig, sondern korrelieren mit Korrelationskoeffizient $-1 < \rho < 1$, d.h. es gilt $\text{Cov}(W_t, \tilde{W}_t) = \rho\,t$. Ein derart zu W_t korrelierter Prozess $\tilde{W}_t$ lässt sich mittels $\tilde{W}_t = \rho W_t + \sqrt{1 - \rho^2}\,W_t^*$ erzeugen, wobei W_t^* eine von W_t unabhängige Brownsche Bewegung ist. Weiters gilt dann (siehe Übungsaufgabe VIII.2)

$$dW_t\,d\tilde{W}_t = \rho dt. \qquad (38.8)$$

Da die Volatilität empirisch dazu tendiert, in Zeiten fallender Aktienkurse zu steigen und bei steigenden Kursen zu fallen (was auch als *Leverage-Effekt* bezeichnet wird), wird ρ typischerweise negativ gewählt.

Wir wollen nun die Berechnung von europäischen Call-Preisen im Heston-Modell näher betrachten. Wie bei der Herleitung der Black-Scholes-Formel versuchen wir dazu, das Risiko eines Portfolios mit einem Call und Aktienpositionen zu hedgen. Sei also

$$\pi_t = C(S, v, t) - \Delta \cdot S$$

das Hedge-Portfolio (da die Varianz $v = v_t$ des Aktienkurses jetzt selbst ein stochastischer Prozess ist, führen wir die Abhängigkeit von v für C in obiger Darstellung explizit an). Um dieselben Argumente wie im Black-Scholes-Modell anwenden zu können, müssen wir die Dynamik des Optionspreises beschreiben können. Die Itô-Formel (27.7) war nur für eindimensionale Itô-Prozesse definiert, allerdings lässt sich der mehrdimensionale Fall ganz analog herleiten. Taylor-Entwicklung und die Verwendung von (27.5) und (38.8) ergeben unmittelbar (mit $C = C(S, v, t)$)

$$dC = \left(\frac{\partial C}{\partial S} \mu S + \frac{\partial C}{\partial v} \kappa(\theta - v) + \frac{\partial C}{\partial t} + \frac{1}{2} \frac{\partial^2 C}{\partial S^2} v S^2 + \frac{1}{2} \frac{\partial^2 C}{\partial v^2} \lambda^2 v \right.$$
$$\left. + \frac{\partial^2 C}{\partial v \partial S} \rho \, v \lambda \, S \right) dt + \frac{\partial C}{\partial S} \sqrt{v} S dW_t + \frac{\partial C}{\partial v} \lambda \sqrt{v} d\tilde{W}_t \qquad (38.9)$$

und somit weiters

$$d\pi_t = \left(\frac{\partial C}{\partial t} + \frac{1}{2} \frac{\partial^2 C}{\partial S^2} v S^2 + \frac{1}{2} \frac{\partial^2 C}{\partial v^2} \lambda^2 v + \frac{\partial^2 C}{\partial v \partial S} \rho \, v \lambda \, S \right) dt$$
$$+ \left(\frac{\partial C}{\partial S} - \Delta \right) dS + \frac{\partial C}{\partial v} dv.$$

Somit sehen wir, dass im Portfolio in diesem Modell durch die Wahl $\Delta = \partial C / \partial S$ zwar die Abhängigkeit von der Variabilität der Aktie, nicht aber die stochastische Komponente der Varianz $v = v_t$ eliminiert werden kann. Der Preis des europäischen Calls im Heston-Modell ist demnach nicht eindeutig festgelegt – man kann mit Positionen in Primärgütern (also der Aktie und der risikolosen Anleihe) nicht jeden Payoff eines Derivats replizieren. Umgekehrt reichen also reine No-Arbitrage-Argumente nicht aus, um den Preis von Derivaten eindeutig festzulegen bzw. ist ein ganzes Preisintervall mit der No-Arbitrage-Bedingung vereinbar. Marktmodelle mit dieser Eigenschaft nennt man *unvollständig*. Außer dem Binomial-, Black-Scholes- und dem Dupire-Modell sind alle in der Praxis verwendeten Aktienmarktmodelle unvollständig.

Im Heston-Modell kann man sich nun wie folgt helfen, um (unter einer Zusatzannahme) einen eindeutigen Preis zu finden: Wenn wir als zusätzliches Hedging-Instrument einen zweiten Call $\tilde{C}$ mit längerer Laufzeit einführen und das Portfolio

$$\tilde{\pi} = C(S, v, t) - \Delta \cdot S - \Lambda \cdot \tilde{C}(S, v, t)$$

betrachten, so erhalten wir

$$d\tilde{\pi}_t = \left(\frac{\partial C}{\partial t} + \frac{1}{2} \frac{\partial^2 C}{\partial S^2} v S^2 + \frac{1}{2} \frac{\partial^2 C}{\partial v^2} \lambda^2 v + \frac{\partial^2 C}{\partial v \partial S} \rho \, v \lambda \, S \right) dt$$
$$- \Lambda \left(\frac{\partial \tilde{C}}{\partial t} + \frac{1}{2} \frac{\partial^2 \tilde{C}}{\partial S^2} v S^2 + \frac{1}{2} \frac{\partial^2 \tilde{C}}{\partial v^2} \lambda^2 v + \frac{\partial^2 \tilde{C}}{\partial v \partial S} \rho \, v \lambda \, S \right) dt$$
$$+ \left(\frac{\partial C}{\partial S} - \Lambda \frac{\partial \tilde{C}}{\partial S} - \Delta \right) dS + \left(\frac{\partial C}{\partial v} - \Lambda \frac{\partial \tilde{C}}{\partial v} \right) dv.$$

Wenn wir nun

$$\Lambda = \frac{\partial C/\partial v}{\partial \tilde{C}/\partial v} \quad \text{und} \quad \Delta = \frac{\partial C}{\partial S} - \Lambda \frac{\partial \tilde{C}}{\partial S}$$

wählen[8], können wir das Portfolio $\tilde{\pi}$ risikolos machen! Das heißt also, dass

$$d\tilde{\pi}_t = (C - \Delta \cdot S - \Lambda \cdot \tilde{C})rdt$$

gelten muss. Damit finden wir:

$$\frac{\frac{\partial C}{\partial t} + \frac{1}{2}\frac{\partial^2 C}{\partial S^2}vS^2 + \frac{1}{2}\frac{\partial^2 C}{\partial v^2}\lambda^2 v + \frac{\partial^2 C}{\partial v \partial S}\rho v\lambda S + r\frac{\partial C}{\partial S} - rC}{\frac{\partial C}{\partial v}} =$$

$$\frac{\frac{\partial \tilde{C}}{\partial t} + \frac{1}{2}\frac{\partial^2 \tilde{C}}{\partial S^2}vS^2 + \frac{1}{2}\frac{\partial^2 \tilde{C}}{\partial v^2}\lambda^2 v + \frac{\partial^2 \tilde{C}}{\partial v \partial S}\rho v\lambda S + r\frac{\partial \tilde{C}}{\partial S} - r\tilde{C}}{\frac{\partial \tilde{C}}{\partial v}}.$$

Man sieht, dass der obige Quotient nicht von den Spezifikationen der Calls abhängt und somit eine Funktion $f(S, v, t)$ sein muss, die nur von S, v und t abhängt. Für C (ebenso wie für $\tilde{C}$) gilt also

$$r(C - \frac{\partial C}{\partial S}S) + f(S, v, t)\frac{\partial C}{\partial v} = \frac{\partial C}{\partial t} + \frac{1}{2}\frac{\partial^2 C}{\partial S^2}vS^2 + \frac{1}{2}\frac{\partial^2 C}{\partial v^2}\lambda^2 v + \frac{\partial^2 C}{\partial v \partial S}\rho\lambda S v. \quad (38.10)$$

Setzen wir dies in Gleichung (38.9) ein, so erhalten wir

$$dC = \left(rC + (\mu - r)\frac{\partial C}{\partial S}S + \left(f(S, v, t) + \kappa(\theta - v)\right)\frac{\partial C}{\partial v}\right)dt$$

$$+ \frac{\partial C}{\partial S}\sqrt{v}SdW_t + \frac{\partial C}{\partial v}\lambda\sqrt{v}d\tilde{W}_t.$$

Das heißt also, dass der Unterschied des erwarteten Returns bei einem Investment in den Call im Vergleich zu einem Investment von $C(S, v, t)$ in den risikolosen Bond gegeben ist durch

$$(\mu - r)\frac{\partial C}{\partial S}S + \left(f(S, v, t) + \kappa(\theta - v)\right)\frac{\partial C}{\partial v}.$$

Der erste Term kann als Kompensation für das Risiko einer Veränderung des Aktienpreises interpretiert werden (siehe auch Übungsaufgabe XIV.4 in Kapitel XIV) und war auch schon im Black-Scholes-Modell vorhanden, während der zweite Term als Kompensation für das Volatilitätsrisiko interpretiert wird. Die Größe $f(S, v, t) + \kappa(\theta - v)$ wird üblicherweise als *Marktpreis des Volatilitätsrisikos* bezeichnet. Heston nahm an[9], dass dieser gegeben ist durch $\nu \cdot v$ mit einer Konstanten ν. Mit dieser Spezifikation erhält man, da (38.10) für alle S, $v > 0$ erfüllt sein muss, folgende partielle

---

[8]Λ entspricht gerade dem Quotienten der Vegas der Calls.
[9]Diese Annahme ist durchaus umstritten, hat aber den großen Vorteil, dass das Modell analytisch behandelbar bleibt.

Differentialgleichung für einen Call im Heston-Modell:

$$\frac{\partial C}{\partial S} rS + \frac{\partial C}{\partial t} + \frac{1}{2}\frac{\partial^2 C}{\partial S^2} v S^2 + \frac{1}{2}\frac{\partial^2 C}{\partial v^2}\lambda^2 v + \frac{\partial^2 C}{\partial v \partial S}\rho\lambda S v \tag{38.11}$$
$$+ \frac{\partial C}{\partial v}(\kappa\theta - (\kappa + \nu)v) - rC = 0,$$

für $S \in (0, \infty)$ und $v \in (0, \infty)$ mit entsprechenden End- bzw. Randbedingungen. Diese partielle Differentialgleichung ist im Allgemeinen nicht explizit, jedoch numerisch lösbar. Eine schnellere Methode als die numerische Lösung obiger Differentialgleichung (38.11) lässt sich folgendermaßen motivieren: Nach dem Fundamentalsatz der Preistheorie kann man den Call-Preis wieder als diskontierten Erwartungswert des Payoffs unter einem risikoneutralen Wahrscheinlichkeitsmaß beschreiben. Mit der Wahl des Marktpreises des Volatilitätsrisikos ist dieses festgelegt und es gilt

$$C(S_0, v_0, 0) = \mathbb{E}^{\mathbb{Q}}\left[e^{-rT}(S_T - K)^+\right], \tag{38.12}$$

wobei $S = S_t$ bzw. $v = v_t$ unter $\mathbb{Q}$ folgende stochastische Differentialgleichung erfüllen.

$$\frac{dS_t}{S_t} = rdt + \sqrt{v_t}\,dW_t^{\mathbb{Q}}, \tag{38.13}$$
$$dv_t = \tilde{\kappa}(\tilde{\theta} - v_t)dt + \lambda\sqrt{v_t}d\tilde{W}_t^{\mathbb{Q}},$$

$W^{\mathbb{Q}}$ bzw. $\tilde{W}^{\mathbb{Q}}$ Brownsche Bewegungen (mit Korrelation ρ) sind und $\tilde{\kappa} = \kappa + \nu$, $\tilde{\theta} = \kappa\theta/(\kappa + \nu)$ gilt. Es haben sich also gegenüber (38.6) nur die Parameter κ, θ und in (38.5) nur der Drift-Term geändert[10].

Für eine Auswertung der Formel (38.12) benötigt man die durch (38.13) bestimmte Verteilung von $\log(S_t)$. Diese lässt sich über ihre *charakteristische Funktion*[11] angeben:

$$\mathbb{E}[e^{iu\log(S_T)}] = \exp(iu(\log S_0 + rT)) \tag{38.14}$$
$$\times \exp(\tilde{\theta}\tilde{\kappa}\lambda^{-2}((\tilde{\kappa} - \rho\lambda iu - d)T - 2\log((1 - ge^{-dT})/(1 - g))))$$
$$\times \exp(\sigma_0^2\lambda^{-2}(\tilde{\kappa} - \rho\lambda iu - d)(1 - e^{-dT})/(1 - ge^{-dT})),$$

wobei

$$d = \sqrt{(\rho\lambda ui - \tilde{\kappa})^2 + \lambda^2(iu + u^2)},$$
$$g = (\tilde{\kappa} - \rho\lambda iu - d)/(\tilde{\kappa} - \rho\lambda iu + d).$$

Mit Hilfe dieser charakteristischen Funktion lassen sich nun effiziente numerische Algorithmen zur Auswertung von (38.12) angeben (siehe Kapitel XII).

---

[10]Die Formel (38.12) mit (38.13) lässt sich auch direkt über das Prinzip der risikoneutralen Bewertung, ohne Verwendung der partiellen Differentialgleichung, erhalten. Allerdings geht die entsprechende Herleitung über den Rahmen des Buches hinaus.

[11]Die charakteristische Funktion $\mathbb{E}(e^{iuX})$ einer Zufallsvariable X ist eine oft sehr effiziente Darstellungsweise der Verteilungseigenschaften von X. Falls X eine Dichtefunktion f_X besitzt, so kann man $\mathbb{E}(e^{iuX})$ als Fourier-Transformierte von f_X interpretieren.

Es sei besonders darauf hingewiesen, dass die Gleichungen (38.11) bzw. (38.12) für *jede* Wahl von ν (sogar für bestimmte andere Spezifikationen des Marktpreises des Volatilitätsrisikos) einen arbitragefreien Call-Preis ergeben. Das heißt insbesondere auch, dass der Call-Preis nicht mehr eindeutig festgelegt ist (vgl. Übungsaufgabe X.8). Umgekehrt lassen sich auf diese Weise die von ν beeinflussten Parameter $\tilde{\kappa}$ und $\tilde{\theta}$ direkt durch die Marktpreise gehandelter Optionen bestimmen (siehe Kapitel XII).

■ 39
Weitere Erweiterungen des Black-Scholes-Modells

Keines der bisher betrachteten Modelle enthält die Möglichkeit, dass der Aktienpreisprozess „springen" kann, also unstetig ist. In der Realität sind Sprünge aber durchaus präsent (abgesehen von kleineren „alltäglichen" Sprüngen, die vielleicht noch zufriedenstellend durch Diffusionen approximiert werden können, gibt es immer wieder plötzliche, massive Einbrüche des Aktienkurses, wie etwa am „Black Monday" 19. Oktober 1987 (der Dow Jones Index fiel an diesem Tag um 22.6 %), am 11. September 2001 oder am 29. September 2008, als der (bis jetzt) größte absolute Verlust des Dow Jones Index realisiert wurde). Nun wollen wir einen wichtigen stochastischen Prozess zur Modellierung derartiger Sprünge definieren.

Seien $\{X_i, i \in \mathbb{N}\}$ unabhängig und identisch exponentialverteilte Zwischen-Sprung-Zeiten mit Parameter λ, also

Definition

$$\mathbb{P}[X_i \leq x] = 1 - e^{-\lambda x} \qquad \text{für alle } i \in \mathbb{N}.$$

Sei weiters $\tau_n = \sum_{i=1}^{n} X_i$ der Zeitpunkt des n-ten Sprunges. Dann ist

$$N_t = \sum_{i \geq 1} 1_{\{\tau_i \leq t\}} \tag{39.15}$$

ein Poisson-Prozess[12] mit Intensität λ.

Der Prozess N_t (vgl. Abb. 39.4) zählt also die Anzahl der Sprünge (z.B. Markt-Crashs), die bis zum Zeitpunkt t aufgetreten sind, wobei die Zeit zwischen zwei solchen Ereignissen exponentialverteilt ist. Sei nun die Zufallsvariable Y_i die Höhe des i-ten Sprunges und seien $(Y_i)_{i \geq 1}$ unabhängig und identisch verteilt. Dann nennt man den Prozess

$$Z_t = \sum_{i=1}^{N_t} Y_i, \tag{39.16}$$

einen zusammengesetzten Poisson-Prozess. Bereits 1976 wurde ein solcher Prozess von R. Merton zur Aktienpreis-Modellierung eingesetzt: In diesem so genannten

---

[12]Dies ist nur eine von mehreren möglichen Definitionen des Poisson-Prozesses. Der Name dieses Prozesses ist darin begründet, dass die Verteilung von N_t einer Poisson-Verteilung folgt, die wiederum vom französischen Physiker und Mathematiker Siméon-Denis Poisson (1781–1840) in seiner Arbeit „Untersuchungen zur Wahrscheinlichkeit von Urteilen in Straf- und Zivilsachen" eingeführt wurde.

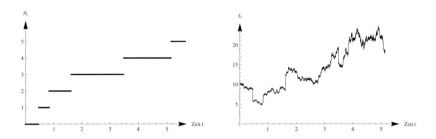

Abb. 39.4. Ein Beispielpfad eines Poisson-Prozesses (links) und eines dazugehörigen Aktienpreisprozesses im Merton-Modell (rechts).

Merton-Modell (es wird oft auch *jump diffusion model* genannt) wird der Aktienpreis S_t (vgl. Abb. 39.4) durch die stochastische Differentialgleichung

$$\frac{dS_t}{S_t} = \mu dt + \sigma dW_t + dZ_t \qquad (39.17)$$

beschrieben, wobei W_t wieder eine Brownsche Bewegung ist (die unabhängig von Z_t ist), σ die konstante Volatilität bezeichnet und die Sprunghöhen lognormalverteilt sind ($Y_i = e^{U_i} - 1$ mit $U_i \sim N(m, \delta)$).

Im Merton-Modell kann man einen Call nicht wie im Heston-Modell mittels eines anderen Calls hedgen[13]. Allerdings kann man den Preis einer europäischen Call-Option wieder als diskontierten erwarteten Payoff bezüglich eines risikoneutralen Maßes darstellen, nämlich

$$C(S_t, t) = \mathbb{E}^{\mathbb{Q}}[(S_T - K)^+],$$

mit

$$\frac{dS_t}{S_t} = (r - \tilde{\lambda}(e^{\tilde{m} + \tilde{\delta}^2/2} - 1))dt + \sigma dW_t^{\mathbb{Q}} + dZ_t^{\mathbb{Q}}. \qquad (39.18)$$

Hierbei ist $Z_t^{\mathbb{Q}}$ wiederum ein zusammengesetzter Poisson-Prozess, jedoch mit Intensität $\tilde{\lambda}$ und Sprunghöhen-Parametern $\tilde{m}$ und $\tilde{\delta}$. Diese drei Parameter können frei gewählt werden[14] (durch die Einführung der Sprungkomponente dZ_t wurde aus dem ursprünglichen Black-Scholes-Modell also ein unvollständiges Marktmodell). Die charakteristische Funktion von $\log(S_T)$ ist in diesem Fall gegeben durch $\mathbb{E}^{\mathbb{Q}}[e^{iu \log(S_T)}] = e^{t\psi(u)}$ mit

$$\psi(u) = iu\left(r - \frac{\sigma^2}{2} - \tilde{\lambda}(e^{\tilde{m} + \tilde{\delta}^2/2} - 1)\right) - \frac{\sigma^2 u^2}{2} + \tilde{\lambda}\left(e^{iu\tilde{m} - \tilde{\delta}^2 u^2/2} - 1\right).$$

Das Merton-Modell ist nur ein Beispiel einer ganzen Reihe von Sprung-Modellen, die in den letzten Jahren untersucht wurden. Eine beliebte Klasse von Sprungmodellen sind die so genannten *Lévy-Modelle*, deren Sprung-Struktur durch einen

---

[13] Man bräuchte hier unendlich viele weitere Derivate.

[14] Es gibt auch andere risikoneutrale Wahrscheinlichkeitsmaße, die zum Merton-Modell „passen". Da man aber meistens direkt den risikoneutralen Prozess via (39.18) modelliert, gehen wir darauf nicht näher ein.

allgemeinen Lévy-Prozess (also stochastische Prozesse mit unabhängigen und stationären Inkrementen) beschrieben wird. Die resultierenden log-Returns sind dann nicht mehr notwendigerweise normalverteilt, was den empirischen Beobachtungen oft besser entspricht (vgl. Abb. 36.1). Für viele dieser Modelle lässt sich jedoch die charakteristische Funktion von S_t unter $\mathbb{Q}$ explizit berechnen und somit auch die Optionsbewertung und Kalibrierung numerisch effizient durchführen (siehe Kapitel XII).

■ 40
Literaturhinweise und Übungsaufgaben

Das lokale Volatilitätsmodell wurde von Dupire [19] bzw. Derman & Kani [16] eingeführt. Das Heston-Modell geht auf die Arbeit [33] zurück. Für weitere Details und andere mögliche Volatilitätsmodelle verweisen wir auf die Bücher Fouque, Papanicolaou & Sircar [28] bzw. Lewis [44]. Für ausführliche Darstellungen der Modellierung mit Lévy-Prozessen siehe die Monographien von Schoutens [58] und Cont & Tankov [13].

Übungsaufgaben

VIII.1. *Zeigen Sie: Für alle Marktpreise, die die trivialen No-Arbitrage Ungleichungen (19.2) erfüllen, hat Gleichung (36.1) eine eindeutige Lösung.*

VIII.2. *Zeigen Sie, dass* $\mathbb{E}\big[\big(\Delta W_t \Delta \tilde{W}_t/(\rho \Delta t)\big)^2\big] \to 1$ *für* $\Delta t \to 0$ *gilt, wobei* $\rho\, t = \mathrm{Cov}[W_t, \tilde{W}_t]$.

VIII.3. *Zeigen Sie, dass die Exponentialverteilung „gedächtnislos" ist, also für* $X \sim Exp(\lambda)$ *gilt:* $\mathbb{P}[X > x + y | X > x] = \mathbb{P}[X > y]$ *für* $y > 0$.

VIII.4. *Sei* $Z = \sum_{i=1}^{N_t} Y_i$ *ein zusammengesetzter Poisson-Prozess mit Poisson-Parameter* λ *und die charakteristische Funktion der Sprunghöhen sei gegeben durch* ϕ_Y. *Zeigen Sie, dass*

$$\mathbb{E}[\exp(iz \sum_{i=1}^{N_t} Y_i)] = \exp\big(\lambda\, t(\phi_Y(z) - 1)\big).$$

(Hinweis: Bedingen Sie zunächst auf die Anzahl der Sprünge N_t und nutzen Sie aus, dass die Sprunghöhen Y_i (auch von N_t) unabhängig und identisch verteilt sind.)

VIII.5. *Berechnen sie* $d \log(S_t)$ *für* S_t *wie in (38.13).*

VIII.6. *Eine Erweiterung der Itô-Formel auf Sprung-Prozesse liefert aus (39.18)*

$$d \log(S_t) = (r - \sigma^2/2 - \tilde{\lambda}(e^{\tilde{m}+\tilde{\delta}^2/2} - 1))dt + \sigma dW_t^{\mathbb{Q}} + d\tilde{Z}_t^{\mathbb{Q}},$$

und somit

$$\log(S_t) = (r - \sigma^2/2 - \tilde{\lambda}(e^{\tilde{m}+\tilde{\delta}^2/2} - 1))t + \sigma W_t^{\mathbb{Q}} + \tilde{Z}_t^{\mathbb{Q}}.$$

Hierbei ist $\tilde{Z}_t^{\mathbb{Q}}$ ein zusammengesetzter Poisson-Prozess mit derselben Intensität $\tilde{\lambda}$ wie $Z_t^{\mathbb{Q}}$ in (39.18), jedoch mit normalverteilten Sprüngen. Genauer gilt:

$$\tilde{Z}_t^{\mathbb{Q}} = \sum_{i=1}^{N_t^{\mathbb{Q}}} Y_i,$$

wobei $N_t^{\mathbb{Q}}$ ein Poisson-Prozess mit Parameter $\tilde{\lambda}$ ist und die Y_i normalverteilt sind mit Erwartungswert $\tilde{m}$ und Varianz $\tilde{\delta}$.

Berechnen Sie mit Hilfe dieser Formel die charakteristische Funktion des Log-Aktienpreises im Merton-Modell. (Hinweis: Verwenden Sie, dass die Brownsche Bewegung und der zusammengesetzte Poisson-Prozess unabhängig voneinander sind.)

IX Zinsmodelle und Bewertung von Zinsderivaten

Bisher haben wir meist angenommen, dass Zinssätze entweder konstant sind oder einer deterministischen Zeitabhängigkeit folgen. Tatsächlich zeigen aber auch Zinssätze stochastisches Verhalten (vgl. Grafik auf S. 5). Während diese Variabilität bei der Behandlung von Aktienderivaten oft nur eine untergeordnete Rolle spielt, ist sie bei der Bewertung von Zinsderivaten natürlich das zentrale zu modellierende Phänomen.

In diesem Kapitel behandeln wir einige grundlegende Zinsmodelle. Zunächst wollen wir jedoch einige liquide gehandelte Zinsderivate etwas näher betrachten.

■ 41
Caps, Floors und Swaptions

In den Kapiteln I bzw. II haben wir bereits Zinsswaps sowie Anleihen als zinsabhängige Produktklassen (sog. *Fixed-Income Produkte*[1]) definiert. Anleihen werden typischerweise an der Börse gehandelt, die meisten anderen Fixed-Income Produkte werden OTC gehandelt und dieser OTC-Markt ist oft sehr liquid. Die liquidesten Instrumente wollen wir hier ein wenig näher beschreiben.

Caps und Floors

Betrachten wir zunächst ein Beispiel: Bei (Bauspar-)Kreditnehmern ist die folgende Konstruktion beliebt: Der Schuldner bezahlt an Zinsen für den aushaftenden Betrag (der, wenn es sich um einen tilgenden Kredit handelt, im Lauf der Zeit abnimmt) beispielsweise halbjährlich (Euribor6M + 1.25 %), jedoch einen maximalen Zinssatz von 6 %. Nachdem der Schuldner üblicherweise nachschüssig tilgt, gilt für den zum Zeitpunkt t_i zu bezahlenden Zinssatz (Kupon) offensichtlich

$$\min(\text{Euribor6M}(t_{i-1}) + 1.25\,\%,\, 6\,\%)$$
$$= 1.25\,\% + \text{Euribor6M}(t_{i-1}) - (\text{Euribor6M}(t_{i-1}) - 4.75\,\%)^+.$$

Ein Payoff $(R - K)^+$, wobei R einen variablen Zinssatz (die *Floating Rate*, z.B. Euribor6M) bezeichnet, wird *Caplet* mit Strike K genannt und ähnelt europäischen Calls

---

[1] *Fixed-Income* bezieht sich nicht nur auf „Instrumente mit fixer Auszahlung", sondern bezeichnet allgemein Produkte, deren Wert nur von Zinsen abhängt.

in der Aktienwelt. Ein Schuldner, der einen variablen Zinssatz zu zahlen hat, kann also mit einer Position in einem Caplet sein Risiko (für einen zu hohen Zinssatz) begrenzen. Da für Zinskontrakte, wie auch im obigen Beispiel, üblicherweise Kuponzahlungen an mehreren Daten $t_1, \ldots, t_n$ vereinbart werden, liegt es nahe, auch Caplets an mehreren Daten zu einem Vertrag zusammenzufassen. Ein derartiger Kontrakt heißt dann *(Vanilla) Cap* und hat den diskontierten Payoff

$$\sum_{i=1}^{n} D(t_i)(t_i - t_{i-1})(\mathrm{R}(t_{i-1}) - K)^+,$$

wobei $D(t)$ den Diskontierungsfaktor für die Zeit von heute bis zum Zeitpunkt t und $t_0 = 0$ den heutigen Zeitpunkt bezeichnen.

Ein Cap auf die Zinszahlungen des gesamten Kredits setzt sich also aus einzelnen Caplets zusammen. Für jedes dieser Caplets wird (im Fall eines Vanilla Cap) R am Beginn der Kuponperiode t_{i-1} festgestellt, jedoch am Ende der Periode t_i bezahlt.

Falls der Payoff stattdessen $(K - \mathrm{R})^+$ beträgt, handelt es sich um ein *Floorlet* und ein *Floor* wird dann analog zu einem Cap gebildet[2].

Swaptions

Das Wort *Swaption* ist eine Zusammenziehung aus Swap und Option. Sie verbrieft das Recht, aber nicht die Pflicht, zu einem bestimmten Zeitpunkt in einen fixierten Swap einzutreten. Hierbei unterscheidet man zwischen *Payer*- und *Receiver*-Swaptions, je nachdem von welchem Typ der zugrunde liegende Swap ist. Zum Beispiel ist eine 3×8 Payer Swaption mit einem Strike von 4.5 % das Recht, aber nicht die Verpflichtung, in 3 Jahren (Verfallszeitpunkt, europäische Ausübung) Fixzahler (von 4.5 % per annum) in einem 8jährigen Vanilla Interest Rate Swap zu werden. Liegt nach Ablauf dieser 3 Jahre der 8jährige Swapsatz über 4.5 %, wird man die Payer Swaption ausüben (warum?), liegt er darunter, wird man sie verfallen lassen. Je nach Vertragswerk gibt es Varianten, in denen am Verfallstag der Swap-Option dann nicht tatsächlich der Swap zu laufen beginnt, sondern stattdessen Cash-Settlement vereinbart ist. Der diskontierte Payoff für eine Payer-Swaption ist gegeben durch

$$\left(\sum_{i=1}^{n} D(t_i)(t_i - t_{i-1})(\mathrm{sr}_t - K) \right)^+,$$

wobei t die Verfallszeit der Swaption und sr_t die Swaprate zum Zeitpunkt t ist.

Die am häufigsten quotierten Swaptions sind *At-the-Money-Swaptions*[3] für Kombinationen von Optionslaufzeiten (beginnend bei wenigen Monaten bis zu 30 Jahren) und Swap-Laufzeiten (1 Jahr bis 50 Jahre) . Dabei wird der Strike-Zinssatz aus der Zinskurve beim Abschluss so festgelegt, dass er genau am Forward-Swapzinssatz

---

[2]Die Bezeichnungen Cap bzw. Floor ergeben sich gerade aus der im Beispiel veranschaulichten Möglichkeit, mit diesen Produkten Zinsober- bzw. Zinsuntergrenzen zu definieren.

[3]Eine Option heißt „am Geld" (engl. *at the money*), wenn der derzeitige Preis des Underlyings gleich dem Strike-Preis ist. Analog sind die Ausdrücke „aus dem Geld" (engl. *out of the money*) und „im Geld" (engl. *in the money*) definiert. Entsprechend werden Ausübungspreise auch oft in Prozent des derzeitigen Preises angegeben.

liegt (in obigem Beispiel also an jenem Fixzinssatz, für den der 8jährige Swap, der in 3 Jahren zu laufen beginnt, heute einen fairen Wert von 0 hat).

■ 42
Short-Rate-Modelle

Wir hatten in Abschnitt 3 den Wert B eines Bankkontos beschrieben durch

$$dB_t = B_t r dt \quad \text{bzw.} \quad B_t = B_0 \, e^{rt}$$

mit konstanter Zinsrate r. Die so genannten *Short-Rate-Modelle* modellieren nun die Zinsrate r (die ja die Zinsstrukturkurve festlegt) als stochastischen Prozess. Das heißt also

$$dB_t = B_t r_t dt \quad \text{bzw.} \quad B_t = B_0 \, e^{\int_0^t r_s ds},$$

wobei die Short Rate[4] r_t üblicherweise als Itô-Prozess modelliert wird:

$$dr_t = g(r_t, t)dt + h(r_t, t)dW_t. \tag{42.1}$$

Hierbei ist W_t wieder eine Brownsche Bewegung, und g und h sind noch festzulegenden Funktionen.

Rekapitulieren wir kurz: Der Prozess r_t reguliert nun die Verzinsung von Kapital. Damit muss er aber auch für die Diskontierung – also für die Berechnung des Barwerts – verwendet werden. Viele populäre Zinsprodukte (wie Anleihen, Caps oder Swaptions) sind ja durch den Diskontierungsfaktor und somit durch r_t bestimmt. Nehmen wir nun an, der faire Wert V eines Zins-Instruments, das auch optionale Bestandteile haben kann, hängt neben seinen Stammdaten nur vom Zeitpunkt t und der derzeitigen Short Rate r_t ab, also $V = V(r_t, t)$. Wie sieht dann – unter der Annahme von (42.1) – dV (also die Wertänderung des Zins-Instrumentes für infinitesimale kurze Zeit) aus? Die Antwort liefert wieder das Itô-Lemma. Bei der Herleitung der Black-Scholes-Differentialgleichung gelang es, durch Δ-Hedging das Portfolio aus einer verkauften Call Option und Δ Aktien risikolos zu machen. Wesentlich war dort also die Existenz eines handelbaren Underlyings. Im Fall der Short Rate ist das Underlying allerdings ein theoretisches Konstrukt, das nicht handelbar ist.

Der Ausweg ist – ähnlich wie im Heston-Modell in Abschnitt 38 – ein selbstfinanzierendes Portfolio π aus zwei Zinsinstrumenten mit verschiedenen Laufzeiten T_1 und T_2 (mit Werten V_1 und V_2) aufzubauen. Dann gilt (für hinreichend reguläre Parameterfunktionen g und h) für die Wertänderung $d\pi_t = dV_1 - \Delta dV_2$ also mit dem Itô-Lemma und der Schreibweise $r = r_t$

$$d\pi_t = \left(\frac{\partial V_1}{\partial r} g(r, t) + \frac{\partial V_1}{\partial t} + \frac{1}{2}h^2(r, t)\frac{\partial^2 V_1}{\partial r^2} \right) dt + \frac{\partial V_1}{\partial r} h(r, t) dW_t$$

$$- \Delta \left[\left(\frac{\partial V_2}{\partial r} g(r, t) + \frac{\partial V_2}{\partial t} + \frac{1}{2}h^2(r, t)\frac{\partial^2 V_2}{\partial r^2} \right) dt + \frac{\partial V_2}{\partial r} h(r, t) dW_t \right].$$

[4] Die Bezeichnung *Short Rate* ergibt sich, weil r_t mit der Notation aus Abschnitt 6 interpretiert werden kann als $r(t; t + dt)$ für infinitesimal kleines dt.

Mit der Wahl $\Delta := \frac{\partial V_1}{\partial r} / \frac{\partial V_2}{\partial r}$ gelingt es in diesem Fall, die stochastischen Terme in der obigen Gleichung zu eliminieren; ein solches Portfolio muss dann wieder wie das risikolose Bankkonto mit $r = r_t$ wachsen, um nicht Arbitrage zu ermöglichen:

$$d\pi_t = \left(\frac{\partial V_1}{\partial t} + \frac{1}{2}h^2(r, t)\frac{\partial^2 V_1}{\partial r^2} - \left(\frac{\partial V_1}{\partial r} / \frac{\partial V_2}{\partial r} \right) \cdot \left(\frac{\partial V_2}{\partial t} + \frac{1}{2}h^2(r, t)\frac{\partial^2 V_2}{\partial r^2} \right) \right) dt$$

$$= r\,\pi_t\,dt = r\left(V_1 - V_2 \cdot \frac{\partial V_1}{\partial r} / \frac{\partial V_2}{\partial r} \right) dt.$$

Umsortieren der Terme liefert somit

$$\frac{\frac{\partial V_1}{\partial t} + \frac{1}{2}h^2(r, t)\frac{\partial^2 V_1}{\partial r^2} - rV_1}{\frac{\partial V_1}{\partial r}} = \frac{\frac{\partial V_2}{\partial t} + \frac{1}{2}h^2(r, t)\frac{\partial^2 V_2}{\partial r^2} - rV_2}{\frac{\partial V_2}{\partial r}}. \tag{42.2}$$

Dabei hängt V_1 von t, r und seinen Stammdaten ab, V_2 von t, r und dessen Stammdaten. Gleichung (42.2) kann aber offensichtlich nur dann (für alle r und t!) gelten, wenn beide Seiten der Gleichung gar nicht von den jeweiligen Stammdaten abhängen, sondern nur von r und t. Also folgt

$$\frac{\partial V}{\partial t} + \frac{1}{2}h^2(r, t)\frac{\partial^2 V}{\partial r^2} - \omega(r, t)\frac{\partial V}{\partial r} - rV = 0 \qquad \text{für } r \in \mathbb{R}.$$

Die Funktion $\omega(r_t, t)$ entspricht der Funktion f im Heston-Modell und wird ebenfalls durch den Marktpreis des – in diesem Fall – Short-Rate-Risikos bestimmt.

■ 43
Das Hull-White-Modell als Beispiel eines Short-Rate-Modells

Wie das bereits in Abschnitt 38 der Fall war, ist durch die Wahl des Marktpreises des Risikos die Dynamik der Short Rate unter dem risikoneutralen Wahrscheinlichkeitsmaß festgelegt. Genauer entspricht die Funktion $-\omega(r_t, t)$ der Drift des Prozesses (vgl. f im Heston-Modell). Im Modell von Hull-White (1990) folgt r_t unter dem risikoneutralen Maß[5] der stochastischen Differentialgleichung

$$dr_t = \big(a(t) - b(t)r_t\big)dt + \sigma(t)dW_t. \tag{43.3}$$

Dieser Prozess ist für positives $b(t)$ ähnlich dem CIR-Prozess aus Kapitel VIII mean-reverting. Eine hohe Short Rate wird also tendenziell nach unten gezogen, eine niedrige tendenziell nach oben. Spezialfälle dieses Modells sind das so genannte *Vasiček-Modell* (1977), bei dem die Parameterfunktionen $a(t), b(t)$ und $\sigma(t)$ alle konstant sind, oder das *Ho-Lee-Modell*, bei dem $b(t) \equiv 0$ ist. Das Vasiček-Modell ist das analytisch am einfachsten handhabbare Modell, allerdings ist es nicht in der Lage, die in der Praxis auftretenden Zinsstrukturkurven zufriedenstellend abzubilden. Das Ho-Lee-Modell wiederum hat den Nachteil, dass die Short Rate nicht mean-

---

[5]Wir verzichten aus Notationsgründen im Rest des Abschnitts auf die explizite Erwähnung von $\mathbb{Q}$.

reverting ist und mit Wahrscheinlichkeit 1 irgendwann jede obere (untere) Schranke durchbricht, wenn $a(t) \geq 0$ (bzw. $a(t) \leq 0$) ist[6]. Wir wollen für den Rest des Abschnittes annehmen, dass $b(t) \equiv b$ und $\sigma(t) \equiv \sigma$ konstant sind (der allgemeine Fall kann mit denselben Methoden analysiert werden, allerdings ist die Notation dann mühsamer)[7].

Anders als beim Black-Scholes-Modell wird σ in (43.3) nicht mit der Short Rate r_t multipliziert, sodass bei geringem *Reversion Speed* b die Funktion σ als Standardabweichung von r_t interpretiert werden kann[8]. Andererseits impliziert dies, dass die Short Rate mit positiver Wahrscheinlichkeit negativ werden kann, was allgemein eher als Nachteil des Modells angesehen wird.

Aus den allgemeinen Überlegungen des letzten Abschnitts gilt also für den Wert eines Produktes, das nur von der aktuellen Short Rate und der Zeit abhängt[9], die so genannte Hull-White-Differentialgleichung

$$\frac{\partial V}{\partial t} + \frac{1}{2}\sigma^2 \frac{\partial^2 V}{\partial r^2} + \left(a(t) - b\,r\right)\frac{\partial V}{\partial r} - rV = 0 \qquad (r \in \mathbb{R}), \tag{43.4}$$

wobei wir verwendet haben, dass $-\omega(r, t) = a(t) - b\,r$ gilt.

Die individuellen Charakteristika der jeweiligen bewerteten Instrumente gehen dabei dann in die Endbedingung, Randbedingungen sowie mögliche Sprungbedingungen (etwa an Kupon-Zeitpunkten) ein.

Betrachten wir nun den einfachsten Fall einer Nullkupon-Anleihe mit Nominale 1 und Fälligkeit T. Wir wollen den Preis $Z(r_t, t; T) := V(r_t, t)$ dieser Anleihe zum heutigen Zeitpunkt $t = 0$ bestimmen, wozu wir annehmen, dass die heutige Short Rate r_0 bekannt ist. Wir müssen also die partielle Differentialgleichung (43.4) mit der Endbedingung

$$Z(r, T; T) = 1$$

lösen. Da dies mit relativ einfachen Mitteln möglich ist, wollen wir die Details hier kurz skizzieren. (43.4) ist linear in V, deshalb können wir „raten", dass die Lösung (also der Preis Z der Nullkupon-Anleihe mit Fälligkeit T zum Zeitpunkt t) folgende Form hat:

$$Z(r, t; T) = \exp\!\big(A(t; T) + rB(t; T)\big). \tag{43.5}$$

Verwendet man diesen Ansatz in (43.4), so erhalten wir

$$0 = r \cdot Z(r, t; T)\Big(B'(t; T) - bB(t; T) - 1\Big)$$

$$+ Z(r, t; T)\left(A'(t; T) + \frac{1}{2}\sigma^2 B^2(t; T) + a(t)B(t; T)\right),$$

wobei A' bzw. B' die Ableitungen nach t bezeichnen.

---

[6] In der Literatur wird das Modell (43.3) oft *erweitertes Vasiček-Modell* genannt und der Begriff Hull-White-Modell nur für den Spezialfall von konstanten $b(t) \equiv b$ und $\sigma(T) \equiv \sigma$ verwendet.

[7] In der Praxis weist $b(t)$ typischerweise ohnehin geringe Variabilität auf, während $\sigma(t)$ mitunter durchaus signifikant von der Zeit abhängen kann.

[8] Typische Werte von σ (wenn die Zeiteinheit 1 Jahr ist) im EUR waren während der letzten Jahre etwa 0.7 bis 1 %. Wir kommen auf die Bestimmung (Kalibrierung) der Parameter in Kapitel XII zurück.

[9] In Kapitel XIII werden wir ein Beispiel sehen (den *Snowball*), bei dem eine kompliziertere Abhängigkeit vorliegt.

Nun muss obige Gleichung für alle Werte von r erfüllt sein; da der Preis für eine Nullkupon-Anleihe positiv ist (warum?), ergibt sich somit ein System von zwei gewöhnlichen Differentialgleichungen:

$$B'(t;T) - bB(t;T) - 1 = 0, \quad A'(t;T) + \frac{1}{2}\sigma^2 B^2(t;T) + a(t)B(t;T) = 0 \quad (43.6)$$

mit den Endbedingungen $B(T;T) = 0$ und $A(T;T) = 0$. Diese beiden Differentialgleichungen lassen sich einfach lösen (siehe Übungsaufgabe IX.3) und die Lösungen sind gegeben durch

$$B(t;T) = -\frac{1}{b}\left(1 - e^{-b(T-t)}\right),$$
$$A(t;T) = \frac{\sigma^2}{2b^2}\left(B(t;T) - \frac{1}{2}B(t;T)^2 - (T-t)\right) - \int_t^T a(s)B(s;T)\,ds. \quad (43.7)$$

Somit ist der faire Hull-White-Preis einer Nullkupon-Anleihe mit Nominale 1 und Fälligkeit T zum heutigen Zeitpunkt $t = 0$ und heutiger Short Rate r_0 gegeben durch

$$Z(r_0, 0; T) = \exp\left(A(0;T) + r_0 B(0;T)\right). \quad (43.8)$$

Allgemeiner gilt für jeden späteren Zeitpunkt $t < T$ (43.5) mit (43.7), wobei dann auf der rechten Seite von (43.5) r durch die (zum heutigen Zeitpunkt $t = 0$ noch zufällige) Short Rate r_t zu ersetzen ist. Der zukünftige Preis der Nullkupon-Anleihe ist also eine Zufallsvariable[10].

Betrachten wir nun einen europäischen Call mit Expiry T und Ausübungspreis K auf eine Nullkupon-Anleihe mit Laufzeit $T + S$ ($S > 0$). Der Payoff dieser Option, deren Wert zum Zeitpunkt t wir mit $ZC(r_t, t; T, S, K)$ bezeichnen wollen, ist also gegeben durch

$$\left(Z(r_T, T; T+S) - K\right)^+ = \left(\exp\left(A(T, T+S) + r_T B(T, T+S)\right) - K\right)^+.$$

Da dieser Payoff nur von r_T abhängt, erfüllt ZC also die partielle Differentialgleichung (43.4) mit der Endbedingung

$$ZC(r, T; T, S, K) = \left(\exp\left(A(T, T+S) + r B(T, T+S)\right) - K\right)^+$$

mit A und B aus (43.7). Auch diese Gleichung ist lösbar (allerdings nicht mehr so einfach wie für den Bond-Preis) und der heutige Preis des Calls ist dann gegeben durch

$$ZC(r_0, 0; T, S, K) = Z(r_0, 0; T+S)\Phi(h_+) - KZ(r_0, 0, T)\Phi(h_-), \quad (43.9)$$

wobei

$$h_\pm = \frac{\log\left(Z(r_0, 0; T+S)/(KZ(r_0, 0, T))\right) \pm \tilde{\sigma}^2/2}{2\tilde{\sigma}}, \quad \tilde{\sigma}^2 = \sigma^2 \frac{1 - e^{-2bT}}{2b} B(t;T)^2.$$

---

[10]Dies ist nicht überraschend, weil ja die bestimmende Variable für den Preis einer Anleihe, nämlich der Zinssatz, nun ebenfalls zufällig ist.

In analoger Weise ergibt sich für den Preis eines Puts $ZP(r_0, 0; T, S, K)$ mit Payoff $(K - Z(r_T, T; T + S))^+$

$$ZP(r_0, 0; T, S, K) = KZ(r_0, 0, T)\Phi(-h_+) - Z(r_0, 0; T + S)\Phi(-h_+). \qquad (43.10)$$

Die Preise von europäischen Optionen auf Bonds im Hull-White-Modell haben also eine ähnliche Darstellung wie jene von Aktienoptionen im Black-Scholes-Modell!

Ausgehend von (43.9) und (43.10) können wir jetzt auch Caps und Floors bepreisen. Bezeichne $R_T(T, T + S)$ nun den variablen Zinssatz (die Floating Rate) zum Zeitpunkt T für den Zeitraum $[T, T + S]$. Wegen

$$\left(1 + S \cdot R_T(T, T+S)\right) Z(r_T, T; T+S) = 1 \quad \text{bzw.} \ S \cdot R_T(T, T+S) = 1/Z(r_T, T; T+S) - 1$$

kann man mit einfachen No-Arbitrage-Argumenten zeigen (siehe Übungsaufgabe IX.4), dass der Preis C eines Caplets auf $R_T(T, T + S)$ mit Strike K gegeben ist durch

$$C = S \cdot (1 + K) \cdot ZP\big(r_0, 0; T, 1/(1 + KS)\big). \qquad (43.11)$$

Auf dieselbe Weise kann eine ähnliche Relation für Floors gezeigt werden, und (43.9) bzw. (43.10) können demnach verwendet werden, um die Preise von Caps bzw. Floors im Hull-White-Modell zu bestimmen.

Andere Short-Rate-Modelle und das Black-Karasinski-Modell

Ein wesentlicher Kritikpunkt am Hull-White-Modell ist, dass die sich daraus ergebende zukünftige Verteilung der Short Rate normalverteilt ist und daher negative Zinssätze mit einer positiven Wahrscheinlichkeit auftreten können.

Modelle, die diese Eigenschaft nicht haben, sind etwa die Modelle von Cox-Ingersoll-Ross, von Black-Derman-Toy oder von Black-Karasinski.

Im *Modell von Black-Karasinski* folgt der Logarithmus der Short Rate einer Hull-White-Entwicklung

$$d(\log r_t) = (\eta(t) - c \log(r_t))dt + \sigma dW_t.$$

Die Zinssätze bleiben hier positiv und sind lognormal-verteilt. Ein wesentlicher Nachteil des Black-Karasinski-Modells ist allerdings, dass (außer für die zu restriktive Annahme $\eta(t) \equiv \eta$) keine expliziten Lösungsformeln für Bonds, Bond Optionen, Caps und Swaptions verfügbar sind und daher Black-Karasinski immer numerisch gelöst werden muss. Effiziente numerische Verfahren sind hier ganz wesentlich.

Im erweiterten CIR-Modell ist die Short Rate durch die stochastische Differentialgleichung

$$dr_t = (a(t) - b(t)r_t)dt + \sigma(t)\sqrt{r_t}dW_t$$

beschrieben. Auch dieses Modell liefert nur dann explizite Lösungsformeln für Bonds, Caps oder Swaptions, wenn alle Parameter konstant sind, was allerdings wiederum eine zu spezifische Annahme ist, um die Zinsstruktur zufriedenstellend zu beschreiben.

Generelle Kritik an Ein-Faktor-Modellen

Da $B(t, T)$ in (43.7) stets negativ ist, zeigt die Bond-Formel des Hull-White-Modells, dass für alle Laufzeiten T Nullkupon-Anleihen-Preise nach unten (und die entsprechenden Bond yields nach oben) gehen, wenn die Short Rate r_t steigt. Es sind zum Zeitpunkt t also die Zinsraten $r(t; T)$ aller Laufzeiten $T-t$ perfekt korreliert und eine *Drehung* der Zinskurve ist nicht möglich. In analoger Weise gilt dies auch für Black-Karasinski bzw. das CIR-Modell. Mögliche Auswege sind so genannte *Marktmodelle*, die wir im nächsten Abschnitt kurz besprechen. Zwei- (bzw. Mehr-)Faktor-Modelle in der Short Rate Welt, etwa das Zwei-Faktor-Hull-White-Modell

$$dr = (\theta(t) + u - a\,r(t))dt + \sigma_1(t)dW_1$$
$$du = -b\,u\,dt + \sigma_2(t)dW_2.$$

Auch hier sind Zinssätze wieder normalverteilt, aber nun sind Drehungen der Zinskurve durch den Einfluss von u möglich.

■ 44
Marktmodelle

Ein völlig anderes Konzept als den Short Rate Modellen liegt den *Marktmodellen* (Libor- oder Swap-Marktmodellen) zugrunde. Wir stellen hier kurz die Idee der Libor-Marktmodelle vor. Sehr viele Zinsprodukte, wie zum Beispiel auch der Bausparkredit aus Abschnitt 41, lassen sich als Derivat auf Marktzinsen, wie den Libor oder den Euribor, verstehen. Nun liegt es nahe, diese direkt und ohne Umweg über die Short Rate zu modellieren.

Der erste Schritt in diese Richtung geht auf Black zurück[11]. Betrachten wir den Preis eines Caplets auf die 6 Monats-Libor Zinsrate Libor6M mit Fälligkeit T. Der diskontierte Payoff des Caplets ist gegeben durch

$$D(T + 0.5) \cdot 0.5 \cdot (\text{Libor6M}(T) - K)^+,$$

wobei $D(T+0.5)$ der Diskontierungsfaktor ist. Nehmen wir nun an, dass der Forward-Zinssatz

$$\text{Libor6M}_t(T) = \frac{1}{0.5}\left(\frac{Z(t; T + 0.5)}{Z(t; T)}\right)$$

für $t \leq T$ einer geometrischen Brownschen Bewegung mit Drift μ und Volatilität σ folgt und anschließend konstant bleibt (also $\text{Libor6M}_{T+s}(T) = \text{Libor6M}(T)$). Wir wollen wieder den Preis C eines Caplets zum Zeitpunkt 0 bestimmen und vernachlässigen in weiterer Folge den konstanten Faktor 0.5. Dieser kann nach dem Fundamentalsatz der Preistheorie wieder als Erwartungswert bezüglich eines

---

[11] Eigentlich entwickelte F. Black auf der Basis des Black-Scholes-Modells eine Formel für Optionen auf Rohstoff-Futures, die aber in der Praxis auch für die Bepreisung von Caps und Floors verwendet wurde und erst später mathematisch rigoros gerechtfertigt wurde. Dennoch wird das Modell (bzw. die Formel) oft als Black76-Modell (bzw. Black76-Formel) bezeichnet.

risikoneutralen Wahrscheinlichkeitsmaßes ausgedrückt werden. Also

$$C = \mathbb{E}^{\mathbb{Q}}[D(T+0.5)(\text{Libor6M}(T) - K)^+].$$

$D(T+0.5)$ ist hierbei wieder zufällig. Wir haben aber nun (im Gegensatz zum vorigen Abschnitt) kein Modell für $D(t)$. Der Ausweg besteht darin, Libor6M$_t(T)$ in Einheiten der Nullkuponanleihe mit Laufzeit $T+0.5$ zu bewerten[12]. Mit diesem Trick dürfen wir den heutigen Bond-Preis $Z(0, T+0.5)$ als Diskontierungsfaktor benutzen und, da dieser ja eine (beobachtbare) Konstante ist, herausziehen:

$$C = Z(0; T+0.5)\,\mathbb{E}^{\tilde{\mathbb{Q}}}[(\text{Libor6M}(T) - K)^+],$$

wobei $\tilde{\mathbb{Q}}$ die Dynamik von Libor6M$_t(T)$ in Einheiten des Bond-Preises beschreibt. Es stellt sich heraus, dass nun Libor6M$(T) \sim e^Y$, mit $Y \sim N(-\sigma^2 T/2, \sigma\sqrt{T})$ gilt[13]. Damit hat Libor6M(T) also dieselbe Verteilung wie der Aktienpreis im Black-Scholes-Modell (mit $r = 0$) und der Preis eines Caplets ist demnach gegeben als

$$C = Z(0, T) \cdot (\text{Libor6M}_0(T)N(d_1) - KN(d_2))$$

mit

$$d_1 = \frac{\log(\text{Libor6M}_0(T)/K) + \sigma^2 T/2}{\sigma\sqrt{T}}, \quad d_2 = d_1 - \sigma\sqrt{T},$$

und Libor6M$_0(T)$ dem (ebenfalls bekannten) Forward-Zinssatz[14].

In analoger Weise wie für Caps werden auch Swaptions unter der Annahme lognormalverteilter Swapsätze bepreist[15]. Die Preise von Caps, Floors und Swaptions werden demnach auch ähnlich wie im Aktienoptionsmarkt in implizierten Volatilitäten quotiert.

Das Black76-Modell wurde in den letzten Jahren – beginnend mit Brace-Gatarek-Musiela (1997) – genauer untersucht, erweitert und vor allem auf eine mathematisch solide Grundlage gestellt. Entsprechend wird es auch oft *BGM-Modell* (oder einfach *Libor-Marktmodell, LMM-Modell*) genannt. Klassischerweise geht man von der Situation aus, dass wir heute (Zeitpunkt t_0) eine Zinskurve mit (beispielsweise) jährlichen Stützstellen zur Verfügung haben und nicht nur einen Forward-Zinssatz modellieren wollen. Mit No-Arbitrage-Argumenten lassen sich sofort Forward-Zinssätze F_k von t_k auf t_{k+1} für alle k ermitteln, für die dann gilt (wenn wir die Tageszählkonventionen ignorieren)

$$dF_k(t) = \sigma_k(t)F_k(t) \sum_{j=1}^{k} \frac{\rho_{jk}\sigma_j(t)F_j(t)}{1 + F_j(t)} dt + \sigma_k(t)F_k(t)dW_k(t).$$

---

[12] Diese Technik (*Change of Numeraire* genannt) ist mathematisch rigoros rechtfertigbar, kann allerdings im Rahmen dieses Buches nicht näher behandelt werden.

[13] Dies entspricht exakt der Black76-Formel, da Black ebenfalls den erwarteten Return auf 0 setzte.

[14] Es sind übrigens keine Short-Rate-Modelle bekannt, die konsistent mit der Annahme lognormalverteilter Forward-Zinssätze ist.

[15] Lognormale Swapsätze sind weder konsistent mit lognormalen Forward-Zinssätzen noch mit einem bekannten Short-Rate-Modell.

Man hat hier also so viele Brownsche Bewegungen wie Forward-Zinssätze; diese sind mit Korrelationskoeffizient ρ_{jk} korreliert, wobei man erwartet, dass für Forward-Zinssätze, die weit in der Zukunft liegen (also beispielsweise F_{25} und F_{26}) diese Korrelation nahe bei 1 liegt. Wenn das Modell einmal festgelegt wurde, dann bewegen sich die Stützstellen der Forward-Zinssätze nicht mehr, sondern bleiben sozusagen am Kalendertag fixiert. Im Lauf der Lebenszeit eines Finanzinstruments wandert die Zeit t; sobald t eine Stützstelle t_j überschreitet, wird F_j obsolet und die obige Summe entsprechend verkürzt.

Wenn die Bewertung eines Zinsinstruments beispielsweise den 5jährigen Swapsatz am 15. Juli 2021 benötigt, dann lässt sich dieser mit Hilfe einer Monte Carlo Simulation (siehe Kapitel XI) aus den Realisierungen der fünf Forwardsätze (jeweils vom 15. Juli) für den Libor12M von $(2021 \rightarrow 2022)$, $(2022 \rightarrow 2023)$,..., $(2025 \rightarrow 2026)$ ermitteln.

Da Libor-Marktmodelle immer hoch-dimensional sind – wenn der Basis-Libor der 3-Monats-Satz und der Zeithorizont 50 Jahre sind, hat man 200 Brownsche Bewegungen – ist eine Bewertung nur mehr mit Monte Carlo Methoden zielführend (siehe Kapitel XI). Kündigungsrechte werden dann mit sog. *Longstaff-Schwartz-Techniken* behandelt (siehe Literaturhinweise).

Libor Markt-Modelle benötigen als Input-Parameter die Volatilitäten σ_k und die Korrelationsmatrix mit den Einträgen ρ_{jk}. Die robuste Bestimmung der Korrelation verwendet im Normalfall wesentlich niedriger-dimensionale Ansätze (4–6 freie Parameter), als dies bei einer völlig freien Korrelationsmatrix der Fall wäre.

■ 45
Literaturhinweise und Übungsaufgaben

Das Libor-Markt-Modell wurde von Brace, Gaterek und Musiela in [9] mathematisch rigoros eingeführt. Ausführliche weiterführende Darstellungen zu Themen dieses Kapitels findet man in Rebonato [54], Brigo & Mercurio [10], Shreve [60] und Filipovic [26]. Für eine Darstellung der Longstaff-Schwartz-Techniken verweisen wir auf die Originalarbeit [45].

Übungsaufgaben

IX.1. *Die Black76 Volatilitäten für Caps (auf Libor6M) mit identischen Strikes und Laufzeiten 1 bis 10 Jahre seien σ_i, $i = 1, ..., 10$. Die Zinskurve sei für beliebige Stützstellen abrufbar. Leiten Sie eine rekursive Darstellung (wie beim Bootstrapping) für die Volatilitäten der einzelnen Caplets her, wenn die zwei Caplets eines Jahres jeweils gleiche Volatilität haben*[16].

IX.2. *Swaption Formel unter Black76: Sei r der Abzinsungsfaktor (continuous compounding) für den Zeitpunkt T, und sei F die Forward-Swaprate des T_1-jährigen Swaps für den Verfallstag T einer Payer Swaption mit Strike K. (Der Swap würde dann im*

---

[16]In der Praxis werden Caps mit einer einzigen Volatilität (nämlich jener, die auf alle Caplets angewendet den Preis trifft) gequotet. Dies ist inkonsistent, da so die gleichen Caplets in verschiedenen Caps mit unterschiedlichen Volatilitäten berechnet werden, macht aber verschiedene Cap-Preisangebote, die ja meist als Volatilitäten quotiert werden, leichter vergleichbar.

Fall der Ausübung zum Zeitpunkt T für eine Laufzeit von T_1 Jahren zu laufen beginnen.) Leiten Sie in analoger Weise zur Caplet-Formel den Black76 Preis einer Payer Swaption zum Zeitpunkt 0

$$V(payer\ swaption) = \left[\frac{1 - \frac{1}{(1+(F/m))^{T_1 \cdot m}}}{F} \right] e^{-rT} \left(FN(d_1) - KN(d_2) \right)$$

her, wobei $d_1 = \frac{\log(F/X)+(\sigma^2/2)T}{\sigma\sqrt{T}}$, $d_2 = d_1 - \sigma\sqrt{T}$ und m die Anzahl der Zahlungen des fixed legs pro Jahr ist (im EUR also 1, im USD 2).

IX.3. *Berechnen Sie die Lösungen des Systems (43.6).*

IX.4. *Zeigen sie, dass (43.11) gültig ist. Betrachten Sie hierzu den Payoff der Put-Option auf den Bond-Preis zum Zeitpunkt T und stellen Sie fest, dass Sie diesen nur in einen mit Libor verzinsten Bond mit Laufzeit S und einer Kuponzahlung am Ende investieren müssen.*

IX.5. *Wie wäre ein in arrears gesetzter Floating Kupon (also am gleichen Tag bezahlt wie gesetzt[17]) in einem Ein-Faktor Short-Rate-Modell zu behandeln?*

Aufgaben mit Mathematica und UnRisk

IX.6. *Verwenden Sie das UnRisk Kommando* `GetReferenceRates`, *um für ein Vasiček-Modell (als Spezialfall des Hull-White-Modells) mit σ = 0.01, Reversion Speed b = 0.1 und a = b · 0.07 die fünfjährigen Swapsätze aus Short Rates zwischen 4 und 10% zu ermitteln. Wie ändern sich diese Swapsätze, wenn Sie die Reversion Speed massiv erhöhen?* `GetReferenceRates` *erlaubt die Bepreisung von Zinsinstrumenten unter Verwendung von Simulationsverfahren (Kapitel XI), wenn keine Kündigungsrechte vorliegen. Ein nicht kündbarer Snowball (siehe auch Übungsaufgabe XIII.7) könnte auf diese Weise bewertet werden.*

---

[17]Allgemein heißt *Fixing in arrears*, dass der Zinssatz erst am Ende der Periode bestimmt wird, also zu jenem Zeitpunkt, zu dem es auch zur Zahlung des Kupons kommt.

X Einige numerische Verfahren

In diesem Kapitel stellen wir nach einer Beschreibung von Algorithmen mit binomialen und trinomialen Bäumen auch einige Verfahren vor, mit denen partielle Differentialgleichungen der Finanzmathematik, wie wir sie etwa in den Kapiteln VII, VIII und IX kennengelernt haben, numerisch gelöst werden können.

Solche numerische Verfahren finden dann Anwendung, wenn allgemein das mathematische Modell an sich keine analytischen Lösungsformeln – auch nicht für einfache Instrumente – mehr zulässt (wie das etwa bei Black-Karasinski der Fall ist) oder wenn das zu bewertende Instrument auf Grund seiner Spezifikation für eine analytische Lösung zu komplex ist. Dies ist insbesondere bei mehrfachen Kündigungsrechten so gut wie immer der Fall. Schließlich behandeln wir in diesem Kapitel auch noch eine effiziente numerische Methode, um aus der charakteristischen Funktion einer Aktienpreisverteilung europäische Call-Preise zu bestimmen.

■ 46
Binomiale Bäume

In Abschnitt 25 wurde die rekursive Darstellung des Cox-Ross-Rubinstein Binomialmodells für europäische Call-Optionen hergeleitet. Die algorithmische Anwendbarkeit von binomialen Bäumen auf andere Optionen, deren Underlying in das Cox-Ross-Rubinstein-Schema passt, ist offensichtlich.

Sei also der Ereignisbaum wie in Abschnitt 25 aufgebaut (vgl. Abb. 25.1 auf S. 40). Im Fall europäischer Optionen kann man dann, wenn der Wert der Option für alle Knotenpunkte am Verfallstag der Option bekannt ist, für die Bewertung schichtweise vom Verfallstag bis zum Anfangstag zurückgehen. Ein möglicher Mathematica Code (derzeitiger Aktienkurs S, Ausübungspreis K, Zinsrate r, Volatilität sigma, Laufzeit T, Anzahl der Teilperioden n) dafür liest sich etwa so:

```
BinomialEuropeanCall[S_, K_, r_, σ_, T_, n_] :=
  Module[{dt, a, b, q, BinomTree, value, level},
    dt = T/n;
    b = Exp[r*dt]*Exp[σ*√dt] - 1;
    a = Exp[r*dt]*Exp[-σ*√dt] - 1;
    q = (1 - Exp[-σ*√dt])/(Exp[σ*√dt] - Exp[-σ*√dt]);
    BinomTree = Table[Max[S*(1+b)^i*(1+a)^(n-i) - K, 0], i, 0, n];
```

```
Do[
    BinomTree =
    Table[Exp[-r*dt]*{q, 1-q}.{BinomTree[[node+1]], BinomTree[[node]]},
        {node, 1, level}];
    BinomTree = BinomTree,
  {level, n, 1, -1}];
  value = BinomTree[[1]];
  Clear[BinomTree];
value]
```

Dies ist nicht die eleganteste Art, einen binomialen Baum in Mathematica zu realisieren und auch nicht diejenige mit der schnellsten Laufzeit, erfüllt aber den hier benötigten Zweck[1].

Wie wirkt sich die Feinheit der Diskretisierung auf den Preis einer europäischen Call-Option aus? Mit der Black-Scholes-Formel ergibt sich für $r = 0.05$, $\sigma = 0.3$, $T = 1, S = 100, K = 100$ ein fairer Preis für die Call-Option von 14.2313. Die folgende Abbildung zeigt die Werte für binomiale Bäume mit 20 bis 150 Teilperioden.

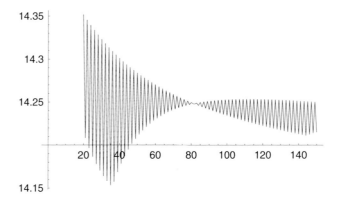

Abb. 46.1. Preise des Vanilla Calls als Funktion der Anzahl der Teilperioden des binomialen Baums.

Auffällig ist das Oszillieren der Werte, abhängig davon, ob n gerade oder ungerade ist (vgl. Übungsaufgabe X.2). Es gibt Varianten binomialer Bäume, die dieses diskretisierungsabhängige Oszillieren deutlich reduzieren (indem man beispielsweise den Mittelwert zweier benachbarter Zahlen nimmt).

Nichtsdestoweniger bergen binomiale Bäume noch weitere Fallen: Dafür betrachten wir eine europäische Up-and-Out Barrier Option, die verfällt, sobald der Aktienpreis innerhalb der Laufzeit einen gewissen Level (die Barriere) überschreitet (siehe auch Kapitel II). Mit $K = 100$, Barriere $B = 120$, $T = 7/365$ (also noch eine Woche bis zum Verfallstag), $r = 0.05$ und $\sigma = 0.30$ ergibt sich die folgende Abbildung des Optionswertes als Funktion des Aktienkurses, wenn innerhalb dieser Woche 50 Zwischenperioden im binomialen Baum eingezogen werden.

Hier hilft eine Mittelbildung zwischen „geraden" und „ungeraden" Bäumen auch nicht. Die Größe der Zacken am rechten Rand kann durch eine noch feinere Diskretisierung verringert werden, nicht aber die Tatsache, dass Zacken vorhanden sind.

---

[1]Der Befehl `BinomTree = BinomTree` ist für die Bepreisung von Europäischen Optionen überflüssig, jedoch bei der Adaptierung des Codes zur Bepreisung von amerikanischen oder Barrier-Optionen hilfreich.

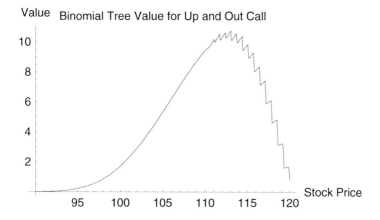

Abb. 46.2. Wert des Up-and-Out Call als Funktion des Aktienkurses (50 Teilperioden im binomialen Baum).

Für das Optionsdelta $\frac{\partial V}{\partial S}$ hat das numerische Verfahren der binomialen Bäume verheerende Auswirkungen (siehe Abb. 46.3): Obwohl das korrekte Black-Scholes-Delta bei dieser Option für S-Werte hinreichend nahe an der Barrier negativ ist, liefert der binomiale Baum für die meisten S-Werte ein positives Delta (was sich zwingend aus der Zacken-Gestalt des Wertes ergibt). Eine naive Implementierung würde also beim vermeintlichen Delta-Hedgen das Risiko nicht reduzieren, sondern sogar verstärken.

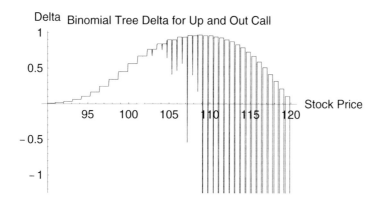

Abb. 46.3. Delta des Up-and-Out Call als Funktion des Aktienkurses bei Verwendung eines binomialen Baums (50 Teilperioden).

Algorithmische Vor- und Nachteile binomialer Bäume

Binomiale Bäume sind einfach zu implementieren und liefern, falls keine digitalen Bedingungen (wie z.B. „Wenn der Aktienkurs die Barrier überschreitet, ist die Option sofort wertlos") vorhanden sind, indikativ brauchbare Ergebnisse. Die Nachteile (wie etwa oszillierendes Verhalten für den Wert, extreme Fehler bei den Optionssensitivitäten) überwiegen aber die Vorteile. Außerdem ist im Fall zeitabhängiger Zinsen und zeitabhängiger Volatilität nicht mehr gewährleistet, dass die Bäume rekombinieren (dass also der Aktienpreis nur von der Anzahl, nicht aber der Reihenfolge der Aufwärts- und Abwärtssprünge abhängt), was zu exponentiellem Aufwand führen kann. Die Diskretisierung von Underlying und Zeit kann nicht unabhängig voneinander gewählt werden, sodass also eine feine Auflösung des Underlyings zugleich feine Zeitschritte erfordert.

■ 47
Trinomiale Bäume

Für Short-Rate-Modelle, insbesondere solche, die mean reverting sind, kann man auch trinomiale Bäume verwenden. Dabei gehen von einem Knoten nicht zwei, sondern drei Zweige aus, die geeignet mit Wahrscheinlichkeiten p_1, p_2, p_3 zu belegen sind (Abb. 47.4).

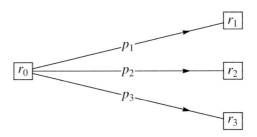

Abb. 47.4. Verzweigung in einem Knoten des trinomialen Baums.

Die drei möglichen Zustände r_1, r_2, r_3 sollten dabei eine diskrete Approximation für die kontinuierlichen Zustände der Verteilung, die sich aus dem jeweiligen Short-Rate-Modell ergibt, nach dem Zeitschritt Δt sein (in ähnlicher Weise wie beim binomialen Baum). Wenn die Zustände r_1, r_2, r_3 einmal festgelegt sind, dann sind die Wahrscheinlichkeitsgewichte zu bestimmen. Das übliche Vorgehen ist dabei so, dass neben $p_1 + p_2 + p_3 = 1$ die zwei weiteren Gleichungen so formuliert werden, dass der Erwartungswert und die Varianz des Trinomialmodells mit dem bedingten Erwartungswert und der bedingten Varianz des jeweiligen Short-Rate-Modells (das zum betrachteten Zeitpunkt im Zustand r_0 startet) übereinstimmen. Anders als bei Aktienmodellen ist hier zu beachten, dass der Status der Short Rate den Diskontierungsfaktor ja wesentlich bestimmt und daher entlang der verschiedenen Kanten unterschiedliche Diskontierungsfaktoren verwendet werden. Die Trapezregel würde etwa $\exp(-(r_0 + r_i)\Delta t/2)$ als Abzinsungsfaktor zwischen den Knoten r_0 und r_i verwenden.

Die Mean-Reversion-Eigenschaft hat zur Folge, dass die Gewichte p_1, p_2, p_3 nicht an allen Knoten gleich sind, sondern in Richtung „zur Mitte ziehen". Bei hinreichend langen Laufzeiten der Instrumente kann dies so weit führen, dass sich aus den Gleichungen für p_1, p_2, p_3 eine Größe als negativ ergäbe. Da in einem solchen Fall $|p_1| + |p_2| + |p_3| > 1$, führt dies zwangsweise zu Instabilitäten und Oszillationen.

In numerischen Verfahren, die auf trinomialen Bäumen basieren, wird dann am Rand so genanntes *Down-Branching* und *Up-Branching* verwendet, bei dem alle Äste in einem Knoten nur auf- bzw. nur abwärts führen:

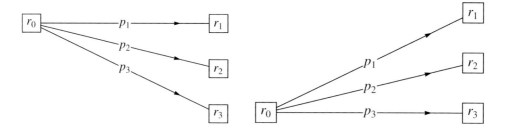

Abb. 47.5. Down-Branching und Up-Branching.

Der volle Baum (natürlich mit feinerer Auflösung) könnte dann etwa so aussehen wie in Abb. 47.6. In Tabelle X.1 des nächsten Abschnitts werden die Ergebnisse eines Trinomial-Baum-Verfahrens für ein Zwei-Faktor-Hull-White-Modell (vgl. (43.12)) mit anderen Methoden verglichen.

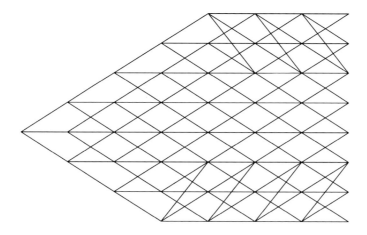

Abb. 47.6. Trinomialer Baum mit regulären, Down und Up-Branches.

■ 48
Finite Differenzen und Finite Elemente

Binomiale und trinomiale Bäume können auch als explizite numerische Verfahren für die zugrunde liegenden partiellen Differentialgleichungen interpretiert werden. Ein anderer numerischer Zugang ist in naheliegender Weise, von der (parabolischen) Differentialgleichung auszugehen und diese direkt mittels geeigneter numerischer Verfahren, etwa Finite Differenzen, zu lösen. Zur Illustration dieser Methode rekapitulieren wir zunächst die Black-Scholes-Differentialgleichung aus Abschnitt 30:

$$\frac{\partial V}{\partial t} + \frac{\sigma^2 S^2}{2} \frac{\partial^2 V}{\partial S^2} + rS \frac{\partial V}{\partial S} - rV = 0. \tag{48.1}$$

Wir legen nun ein regelmäßiges Gitter $S_i = i\Delta S$ $(i = 1, \dots n)$, $t_j = j\Delta T$ $(j = 1, \dots m)$, $V_{i,j} = V(S_i, t_j)$ über das Berechnungsgebiet und approximieren die Ableitungen durch Differenzenquotienten. Abhängig von der Art des zu bewertenden Derivats ist das numerische Schema noch mit geeigneten End- bzw. Randbedingungen (also Werten $V_{i,m}$ bzw. $V_{n+1,j}$ und $V_{0,j}$) oder deren numerischen Approximationen zu versehen[2]. Dann gilt, dass der lokale Diskretisierungsfehler (also der Fehler in jedem Zeitschritt) des Terms

$$A_{i,j}^{\text{expl}} := \frac{V_{i,j} - V_{i,j-1}}{\Delta t} + \frac{1}{2}\sigma^2 S_i^2 \frac{V_{i+1,j} - 2V_{i,j} + V_{i-1,j}}{(\Delta S)^2} + rS_i \frac{V_{i+1,j} - V_{i-1,j}}{2\Delta S} - rV_{i,j}$$

von der Konsistenzordnung $O((\Delta S)^2, \Delta t)$ ist. Das *explizite Differenzenverfahren* besteht nun darin, dass wir rekursiv die Gleichungen $A_{i,j}^{\text{expl}} = 0$ nach $V_{i,j-1}$ auflösen, also:

$$V_{i,j-1} = V_{i,j} + \Delta t \left(\frac{1}{2}\sigma^2 S_i^2 \frac{V_{i+1,j} - 2V_{i,j} + V_{i-1,j}}{(\Delta S)^2} + rS_i \frac{V_{i+1,j} - V_{i-1,j}}{2\Delta S} - rV_{i,j} \right).$$

Explizite Differenzenverfahren haben, um stabil zu sein, sehr restriktive Anforderungen an die Zeitschrittweite[3]. In unserem Fall heißt das, dass Stabilität erst für

$$\Delta t \leq \frac{(\Delta S)^2}{\sigma^2 S^2}$$

garantiert werden kann. Bewegt man sich an der Grenze dieser Bedingung, so muss etwa für eine Halbierung der S-Schrittweite die t-Schrittweite geviertelt werden, was insgesamt also den achtfachen Aufwand erzeugt.

Aus Stabilitätsgründen bieten sich also *implizite* oder *Crank-Nicolson*-artige Verfahren an. Bei ersteren wird der Zeitschritt durch einen Rückwärtsdifferenzenquotienten diskretisiert

$$A_{i,j}^{\text{impl}} := \frac{V_{i,j} - V_{i,j-1}}{\Delta t} + \frac{1}{2}\sigma^2 S_i^2 \frac{V_{i+1,j-1} - 2V_{i,j-1} + V_{i-1,j-1}}{(\Delta S)^2} + r\, S_i \frac{V_{i+1,j-1} - V_{i-1,j-1}}{2\Delta S} - rV_{i,j-1}$$

Das daraus resultierende Verfahren ist *unbedingt stabil*, es gibt also keine Schranke, die kleine Zeitschritte erfordert. Allerdings muss in jedem Zeitschritt ein tridiagonales Gleichungssystem gelöst werden.

Das *Crank-Nicolson-Verfahren* (siehe dazu auch die Ausführungen über Finite Elemente) kombiniert das explizite und das implizite Verfahren. Es ist stabil – ein Gleichungssystem ist zu lösen. Sein Vorteil ist die Konvergenzordnung $O((\Delta S)^2, (\Delta t)^2)$ gegenüber dem rein impliziten Verfahren, das in Δt nur lineare Konvergenz zeigt.

---

[2] Für einen Europäischen Call könnte man zum Beispiel $V_{i,m} = (S_i - K)^+$ bzw. $V_{0,j} = 0$ und $V_{n+1,j} = (n+1)\Delta S - e^{-r(T-j\Delta T)} K$ wählen (alternativ könnte man auch Werte für die Ableitung des Call-Preises am Rand verwenden).

[3] Eine genauere diesbezügliche Analyse findet sich in Zulehner [64].

Finite Elemente

Finite Differenzen sind dann einfach zu implementieren, wenn nur eine Raumdimension (ein Underlying) vorliegt und das Gitter äquidistant gewählt werden kann. Bei mehreren Raumdimensionen und/oder unstrukturierten Gittern[4] liefern Finite-Elemente-Methoden (FEM) oft bessere Resultate. Die Grundidee ist dabei die folgende: Wenn (48.1) gilt, dann natürlich auch

$$\int_0^\infty \left(\frac{\partial V}{\partial t} + \frac{\sigma^2 S^2}{2} \frac{\partial^2 V}{\partial S^2} + rS \frac{\partial V}{\partial S} - rV \right) \cdot W \cdot ds = 0$$

für alle Funktionen $W \colon [0, \infty) \to (-\infty, \infty)$, so genannte *Testfunktionen*, für die diese Integration sinnvoll durchführbar ist.

Unter der Annahme, dass die folgenden Schritte zulässig sind (Glattheitsvoraussetzungen), erhalten wir durch partielle Integration für den Diffusionsterm $\frac{\sigma^2 S^2}{2} \frac{\partial^2 V}{\partial S^2}$

$$\int_0^\infty \left(\frac{\sigma^2 S^2}{2} \frac{\partial^2 V}{\partial S^2} \right) \cdot W \, ds = \frac{\sigma^2}{2} \left\{ \left[S^2 W \frac{\partial V}{\partial S} \right]_{S=0}^{S=\infty} - \int_0^\infty \left[2SW \frac{\partial V}{\partial S} + S^2 \frac{\partial W}{\partial S} \cdot \frac{\partial V}{\partial S} \right] dS \right\}.$$

Ist nun W so gewählt, dass es endlichen Träger hat, dann verschwindet – wenn $\frac{\partial V}{\partial S}(0)$ beschränkt ist – der Randauswertungsterm; obendrein braucht das Integral auf der rechten Seite nur über den Träger von W ausgewertet werden.

Die Methode der Finiten Elemente verwendet nun einen Satz von Testfunktionen W_i, die zugleich als Ansatzfunktionen für (hier: den S-abhängigen Anteil von) V verwendet werden, etwa stückweise lineare Ansatzfunktionen wie in Abb. 48.7:

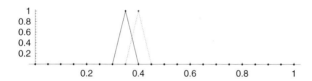

Abb. 48.7. Stückweise lineare finite Elemente: Zwei der Ansatzfunktionen.

Wir setzen also an:

$$V(S, t^k) = \sum_i \alpha_i^k W_i(S).$$

Dabei sollte wieder (wie bei den Bäumen oder den Finiten Differenzen) die Zeit von der Endbedingung des zu bewertenden Instruments in Richtung des Bewertungszeitpunktes durchlaufen werden. Seien also die Werte α_i^l für $l > k$ bereits bekannt,

---

[4]Das sind zum Beispiel Dreiecks- oder Tetraedergitter oder Gitter, die gewisse Teile des Berechnungsgebietes adaptiv verfeinern.

dann verwenden wir im Zeitschritt von t^{k+1} auf t^k

$$\frac{\partial V}{\partial t} \approx \frac{1}{t^{k+1} - t^k} \sum_i (\alpha_i^{k+1} - \alpha_i^k) W_i, \qquad V \approx \xi \sum_i \alpha_i^k W_i + (1 - \xi) \sum_i \alpha_i^{k+1} W_i^{k+1},$$

$$\frac{\partial V}{\partial S} \approx \xi \sum_i \alpha_i^k \frac{\partial W_i}{\partial S} + (1 - \xi) \sum_i \alpha_i^{k+1} \frac{\partial W_i}{\partial S}.$$

Dabei steht $\xi = 0$ für ein explizites Verfahren, $\xi = 1$ für ein voll implizites Verfahren, $\xi = 1/2$ für das Crank-Nicolson-Verfahren.

Als Testfunktionen werden genau die Ansatzfunktionen gewählt. Auch wenn die Ansatzfunktionen nur stückweise linear sind, existieren die ersten Ableitungen nach S fast überall. Durch die partielle Integration benötigen wir keine Ausdrücke für die zweiten Ableitungen, sodass diese Integrale sinnvoll definiert sind. Es liegen in jedem Zeitschritt gleich viele Unbekannte (die α_i^k) wie Gleichungen (für jede Testfunktion eine) vor. Im expliziten Fall ist die System-Matrix diagonal, beim voll impliziten und Crank-Nicolson-Verfahren tridiagonal.

Liegen Differentialgleichungen mit signifikanter *Konvektion*[5] vor, so sollten spezielle Verfahren für Konvektions-Diffusionsgleichungen verwendet werden.

In Tabelle X.1 vergleichen wir für ein Zwei-Faktor-Hull-White-Modell mit (hier) konstanten Parametern ($\theta = 0.012$, $a = 0.2$, $b = 0.1$, $\sigma_1 = 0.01$, $\sigma_2 = 0.001$, $\rho = 0.3$) (vgl. S. 84) die numerische Bewertung einer Nullkupon-Anleihe über einen doppelt trinomialen Baum und eine Finite-Elemente-Methode (mit Stromliniendiffusion zur Behandlung der Konvektion) mit der in diesem Fall verfügbaren analytischen Lösung. Man sieht, dass schon für ein solch einfaches Instrument der Trinomial-Baum für lange Laufzeiten schlechte Ergebnisse liefert, während FEM sehr gut funktioniert.

Laufzeit (Jahre)	Trinomialer Baum	Analytische Lösung	FEM+Stromliniendiffusion
1	0.950341	0.950353	0.950353
2	0.901665	0.901756	0.901756
4	0.808564	0.809135	0.809131
10	0.572741	0.576645	0.57662
20	0.315969	0.324704	0.324654
30	0.17375	0.18328	0.183224

Tabelle X.1. Vergleich von Bewertungs-Methoden für eine Nullkupon-Anleihe.

---

[5] In der Black-Scholes-Differentialgleichung ist der Term mit der zweiten Ableitung nach S der Diffusionsterm, welcher glättende Eigenschaften hat, und jener mit der ersten Ableitung nach S der *Konvektionsterm*. Wärmetransport kann beispielsweise durch Wärmeleitung (Diffusion) oder durch die Strömung einer wärmeren Flüssigkeit (Konvektion etwa in einem Heizungssystem) erfolgen. Konvektion ist numerisch oft schwierig zu behandeln. So genannte Upwind-Techniken oder Stromliniendiffusionstechniken tragen zur Stabilisierung von Problemen mit dominanter Konvektion bei. Bei numerischen Verfahren etwa für mean-reverting Zinsmodelle ist die Konvektion oft recht ausgeprägt.

■ 49
Bepreisen mit der charakteristischen Funktion

Wir haben in Kapitel VIII gesehen, dass für viele in der Praxis verwendete Aktien-preismodelle (wie beispielsweise das Heston- und das Merton-Modell) die charak-terisitische Funktion von $\log S_t$ (unter dem risikoneutralen Maß $\mathbb{Q}$) bekannt ist. Die charakteristische Funktion legt die Verteilung einer Zufallsvariablen eindeutig fest und kann genutzt werden, um Preise von Optionen europäischen Typs zu berechnen. Dies wollen wir nun ein wenig genauer diskutieren.

Wir nehmen an, dass $X_t = \log S_t$ unter dem risikoneutralen Maß eine (im Allge-meinen unbekannte) Dichte f_t besitzt[6] und damit ist

$$\phi_t(z) = \mathbb{E}^{\mathbb{Q}}[e^{izX_t}] = \int_{-\infty}^{\infty} e^{izx} f_t(x)\, dx \qquad (49.2)$$

die charakteristische Funktion des Log-Aktienpreises.

Da europäische Calls und Puts aktiv gehandelt werden und deren Preise zu Ka-librierungszwecken eingesetzt werden, sind schnelle Verfahren zur Modellpreisbe-stimmung dieser Vanilla-Optionen von besonderer Bedeutung. Wir konzentrieren uns hier auf europäische Calls (die Behandlung von Puts erfolgt analog, vgl. Übungs-aufgabe X.1). Im Prinzip könnte man mittels der Inversen Fourier-Transformation die Dichtefunktion wiederfinden und somit den Call-Preis bestimmen. Doch dies führt meist auf Integrale mit singulären Integranden, die numerisch nicht effizient bestimmt werden können.

Es gibt nun aber einen Trick, der trotzdem eine effiziente Bepreisung von eu-ropäischen Calls ermöglicht: Wir fixieren hierzu die Laufzeit T. Allerdings setzen wir den Ausübungspreis K nicht a priori fest, sondern fassen den Call-Preis C als Funktion von $k = \log K$ auf. Mit $X_t = \log S_t$ haben wir also

$$C(k) = e^{-rT}\, \mathbb{E}^{\mathbb{Q}}[(e^{X_T} - e^k)^+] = e^{-rT} \int_k^{\infty} (e^x - e^k) f_T(x)\, dx.$$

Da C nun eine Funktion ist, die auf ganz $\mathbb{R}$ definiert ist, könnten wir auch von dieser Funktion die Fourier-Transformierte berechnen. Jedoch gilt

$$\lim_{k \to -\infty} C(k) \to S_0 > 0,$$

was sofort aus der No-Arbitrage-Ungleichung $S_0 - e^k\, e^{-rT} \leq C(k) \leq S_0$ folgt. Daher ist C also weder quadratisch noch absolut integrierbar und die Fourier-Transformierte kann nicht im klassischen Sinn berechnet werden. Die Idee ist nun, eine neue Funk-tion $\gamma(k) := e^{\alpha k} C(k)$ zu betrachten. Wenn $\alpha > 0$ und $\mathbb{E}[e^{(1+\alpha)X_T}] < \infty$, so ist γ beschränkt und integrierbar und wir können die Fourier-Transformation $\hat{\gamma}$ definie-ren:

$$\hat{\gamma}(z) = \int_{-\infty}^{\infty} e^{izk} \gamma(k)\, dk.$$

---

[6]Dies ist für die meisten relevanten Aktienpreismodelle (insbesondere das Heston- und das Merton-Modell) erfüllt.

Da umgekehrt $\gamma(k) = e^{\alpha k} C(k)$ durch die Fourier-Inversion

$$\gamma(k) = \frac{1}{2\pi} \int_{-\infty}^{\infty} e^{-ikz} \, \hat{\gamma}(z) \, dz$$

aus $\hat{\gamma}$ bestimmt werden kann, müssen wir also nur noch $\hat{\gamma}$ berechnen:

$$\hat{\gamma}(z) = \int_{-\infty}^{\infty} e^{izk} \, e^{\alpha k} \, C(k) \, dk = \int_{-\infty}^{\infty} e^{izk} \, e^{\alpha k} \, e^{-rT} \int_{k}^{\infty} (e^x - e^k) f_T(x) \, dx \, dk$$

$$= e^{-rT} \int_{-\infty}^{\infty} f_T(x) \left(e^x \int_{-\infty}^{x} e^{(iz+\alpha)k} \, dk - \int_{-\infty}^{x} e^{(iz+\alpha+1)k} \, dk \right) dx$$

$$= e^{-rT} \int_{-\infty}^{\infty} f_T(x) \left(\frac{e^x \, e^{(iz+\alpha)x}}{iz + \alpha} - \frac{e^{(iz+\alpha+1)x}}{iz + \alpha + 1} \right) dx$$

$$= e^{-rT} \int_{-\infty}^{\infty} f_T(x) \, e^{i(z-i(\alpha+1))x} \, \frac{1}{(iz + \alpha)(iz + \alpha + 1)} \, dx$$

$$= \frac{e^{-rT} \, \phi_T(z - i(1 + \alpha))}{(iz + \alpha)(iz + \alpha + 1)},$$

wobei wir in der zweiten Zeile die Integralreihenfolge vertauscht haben[7] und für die letzte Gleichung (49.2) verwendet haben. Somit kann man $C(k)$ finden via

$$C(k) = e^{-\alpha k} \, \gamma(k) = \frac{e^{-\alpha k}}{2\pi} \int_{-\infty}^{\infty} e^{-ikz} \, \frac{e^{-rT} \, \phi_T(z - i(1 + \alpha))}{(iz + \alpha)(iz + \alpha + 1)} \, dz$$

$$= \frac{e^{-\alpha k}}{\pi} \int_{0}^{\infty} \mathrm{Re} \left(e^{-ikz} \, \frac{e^{-rT} \, \phi_T(z - i(1 + \alpha))}{(iz + \alpha)(iz + \alpha + 1)} \right) dz, \qquad (49.3)$$

wobei Re den Realteil einer komplexen Zahl bezeichnet und die letzte Gleichung aus der Symmetrie des Realteils des Integranden folgt. Dieser Ausdruck ist numerisch gut behandelbar. Man kann nun entweder klassische numerische Integrationsmethoden, wie Gauss-Quadratur, oder aber auch die so genannnte *Fast-Fourier-Transformation* (FFT) anwenden (siehe Übungsaufgabe X.7). Für letztere Methode lassen sich insbesondere für gegebene Modell-Parameter und Laufzeit die Optionspreise für alle Strikes in einem Schritt berechnen. Somit kann man mittels FFT das gesamte *option surface* (also Optionspreise für alle Strikes und Expiries) in wenigen Sekunden berechnen, was bei der Kalibrierung von Modellen sehr nützlich ist.

Die obige Herleitung stimmt für jedes $\alpha > 0$, wenn $\mathbb{E}[e^{(1+\alpha)X_t}] < \infty$ und daher kann man diesen Parameter so wählen, dass die numerische Integration möglichst effizient ist.

---

[7]Dies ist in diesem Fall gerechtfertigt, da man leicht zeigen kann, dass der Integrand unter den Annahmen an α absolut integrierbar ist.

■ 50
Numerische Verfahren in UnRisk

UnRisk verwendet als Standard-Verfahren für die numerische Behandlung von Instrumenten innerhalb der Black-Scholes-Welt numerische Integrationsverfahren für die Darstellung

$$V(S_i, t^k) = \int_0^\infty G(S_i, \tilde{S}, t^k, t^{k+1}) V(S_1, t^{k+1}) d\tilde{S}$$

mit

$$G(S, \tilde{S}, t, T) = \frac{e^{-r(T-t)}}{\sigma \tilde{S} \sqrt{2\pi(T-t)}} e^{\frac{-(\log(S/\tilde{S}) + (r-\sigma^2/2)(T-t))^2}{2\sigma^2(T-t)}}$$

auf einem Gitter (S_i). Die Funktion $G(S, \tilde{S}, t, T)$ ist die Dichte einer Lognormalverteilung und die so genannte *Green-Funktion* der Black-Scholes-Differentialgleichung. Die Darstellung ist nur für Zeitintervalle (t^k, t^{k+1}) gültig, in denen keine vorzeitige Ausübung erlaubt ist. Im Fall von Bermuda Optionen wird an jedem möglichen Ausübungszeitpunkt und an jedem möglichen Gitterpunkt überprüft, ob der Ausübungswert oder der Behaltewert für den Optionsinhaber höher ist.

Für Ein-Faktor Short-Rate-Modelle werden in UnRisk analoge Darstellungen verwendet, wobei die Green-Funktion zum Beispiel im Black-Karasinski-Modell numerisch approximiert wird (da dort keine formelhafte Darstellung vorhanden ist). Im Zwei-Faktor Hull-White-Modell werden Finite-Elemente und Stromliniendiffusion verwendet.

Libor-Marktmodelle müssen mit Monte Carlo Methoden behandelt werden, die grundlegenden Konzepte dafür werden im nächsten Kapitel behandelt. Auch innerhalb der Short-Rate-Modelle gibt es Anwendungsfälle, in denen Monte Carlo Simulation zielführender ist. Dies ist insbesondere bei Instrumenten der Fall, deren vorzeitige Tilgung von einem *Trigger Event* abhängt ("Wenn eine bestimmte Bedingung eintritt, wird vorzeitig getilgt."). Diese Bedingung hängt nicht von zukünftigen Markteinschätzungen ab, sondern ist zum Überprüfungszeitpunkt beobachtbar.

■ 51
Literaturhinweise und Übungsaufgaben

Trinomiale Bäume zur Bewertung von Short-Rate-Modellen wurden in der Literatur u.a. von Hull & White [35, 36] vorgeschlagen. Die oben vorgestellte Methode zur effizienten Bepreisung von europäischen Call-Optionen wurde von Carr & Madan [12] entwickelt und (49.3) ist auch unter dem Namen *Carr-Madan-Formel* bekannt. Für Details zur Optimierung der FFT-Methode verweisen wir auf Lee [43] und Lord & Kahl [46]. Zulehner [64] ist eine gute Einführung in die Numerik von partiellen Differentialgleichungen. Roos, Stynes & Tobiska [56] behandeln numerische Verfahren mit nicht vernachlässigbarer Konvektion. Topper [61] wendet die Methode der Finiten Elemente speziell auf finanzmathematische Probleme an. Binder & Schatz [5] verwenden Stromliniendiffusion und Finite Elemente, insbesondere für Zwei-

Faktor-Hull-White. Ein ausführlicher Streifzug durch verschiedene numerische Methoden in der Finanzmathematik ist Fusai & Roncoroni [29].

Übungsaufgaben

X.1. *Leiten Sie analog zu (49.3) eine Formel für Put-Preise her. Wie muss α hier gewählt werden?*

Aufgaben mit Mathematica

X.2. *Überprüfen Sie, dass das Mathematica Codestück auf S. 89 eine Realisierung des Mehrperioden-Cox-Ross-Rubinstein-Baums ist (vgl. Abschnitte 25 und 31). Implementieren Sie den Code und reproduzieren Sie den Plot von Abb. 46.1. Zeigen Sie, dass bei einer weiteren Erhöhung der Teilperioden-Anzahl die Amplituden der Schwebungen um den korrekten Wert geringer werden.*

X.3. *Wie sieht der Code für eine europäische Put-Option aus? Wie für eine europäische Up-and-Out-Call Option?*

X.4. *Welche Modifikation müssen Sie für eine amerikanische Put-Option machen, wenn Sie annehmen, dass die Ausübung genau an den Zeitpunkten erfolgen darf, die vom binomialen Baum getroffen werden (es sich also eigentlich um einen Bermudan Put handelt)?*

X.5. *Programmieren Sie das explizite Differenzenverfahren für eine Up-and-Out-Call-Option mit $S = 100$, $K = 100$, $B = 200$, $r = 0.05$, $\sigma = 0.3$, $T = 1$. Diskretisieren Sie S äquidistant zwischen 0 und 200 (mit Randbedingung $V=0$). Plotten Sie den Wert für $t = 0$. Was ergibt sich für $\Delta S = 1$, $\Delta t = 1/100$, $1/1000$, $1/10000$?*

X.6. *Betrachten sie das Heston-Modell aus Kapitel VIII mit den Parametern $\kappa = 0.6067$, $\theta = 0.0707$, $\lambda = 0.2928$, $\rho = -0.7571$ und $v_0 = 0.0654$. Nehmen Sie weiters an, dass $S_0 = 1$ und $r = 0.03$. Verwenden Sie nun Formel (49.3) mit $\alpha = 0.75$ und den Befehl* `NIntegrate` *in Mathematica, um einen Call mit Laufzeit $T = 1$ Jahr und Ausübungspreis $K = 1.1$ zu bepreisen.*

X.7. *Der FFT-Algorithmus erlaubt es, in einem Schritt die Optionspreise für mehrere Ausübungspreise zu berechnen. Hierzu nehmen wir an, dass $S_0 = 1$ gilt. Dann kann man zeigen, dass die Verwendung der Simpson-Regel für numerische Integration auf folgende Approximation des Call-Preises führt:*

$$C(k_l) \approx \frac{e^{-\alpha k_l}}{\pi} \sum_{j=1}^{n} e^{-2\pi(j-1)(l-1)/n}(-1)^{j-1}\psi_T(\eta(j-1))\frac{\eta}{3}(3 + (-1)^j - 1_{\{j=1\}}),$$

wobei $k_l = -\frac{\pi}{\eta} + l\frac{2\pi}{\eta n}$, $l = 1, \ldots, n$. Damit können die Call-Preise für alle n Strikes in $n \log n$ Schritten berechnet werden. Setzen Sie $n = 2^{12}$, $\eta = 0.125$ und verwenden Sie den Befehl `InverseFourier` *in Mathematica, um die Call-Preise unter Verwendung der Parameter aus dem vorigen Beispiel für alle k_l zu berechnen. Wie muss man hierbei die Mathematica-Option* `FourierParameters` *wählen?*

X.8. *Nehmen Sie an, dass der Aktienpreisprozess unter dem physischen Wahrschein-lichkeitsmaß einem Heston-Modell mit Parametern $\kappa = 5.13$, $\theta = 0.0436$, $\lambda = 0.52$, $\rho = -0.754$. Nehmen Sie nun an, dass in (38.14) $v_0 = \tilde{\theta}$ gilt (diese Annahme dient vor allem der numerischen Stabilisierung), sowie $S_0 = 1$ und $r = 0.03$ gilt. Plotten Sie nun die Preise für einen europäischen Call mit Laufzeit $T = 1$ Jahr und Ausübungspreis $K = 1.1$ in Abhängigkeit des Marktpreis des Risikos ν. (Da wir hier vom physischen Maß ausgehen und die risikoneutralen Parameter gemäß ν wählen, sind die Call-Preise eine fallende Funktion in ν.)*

Weitere Übungsaufgaben befinden sich im Kapitel XIII.

XI Simulationsverfahren

In vielen Situationen der Finanzmathematik ist die Dynamik zu komplex, um exakte Lösungen bzw. Formeln zu erhalten. Auch Bestimmungs(differential)gleichungen, welche dann numerisch gelöst werden können (wie beispielsweise im Kapitel X beschrieben), sind oft nicht verfügbar. In solchen Fällen kann man Pfade der beteiligten stochastischen Prozesse „simulieren" und damit eine alternative (und oft einfache und effiziente) numerische Approximation der benötigten Größen erhalten. In diesem Kapitel wollen wir einige solche Simulationstechniken behandeln.

■ 52
Die Monte Carlo Methode

Wie wir in den vorigen Kapiteln gesehen haben, lassen sich Preise von Derivaten oft als Erwartungswert einer Funktion von zufälligen Größen (Zufallsvariablen) bestimmen. Sei also

$$\alpha := \mathbb{E}[g(Z)] = \int_{\mathbb{R}^s} g(z)\, dF_Z(z), \tag{52.1}$$

wobei Z eine Zufallsvariable in $\mathbb{R}^s$ mit Verteilungsfunktion F_Z und g eine Funktion von $\mathbb{R}^s$ nach $\mathbb{R}$ ist (bei Preisen von europäischen Optionen ist $g(Z)$ etwa der Payoff der Option und F_Z die – hier dann eindimensionale – risikoneutrale Verteilungsfunktion des Underlyings).

Wenn dieser Erwartungswert nicht exakt berechnet werden kann, muss auf numerische Methoden zu dessen Approximation zurückgegriffen werden. Eine naheliegende Methode ist, N unabhängige Stichproben von Z zu erzeugen (Z zu „simulieren") und dann den Erwartungswert α mit dem arithmetischen Mittel der erzeugten Stichproben zu approximieren. Dies ist die grundsätzliche Idee der *Monte Carlo Methode*[1].

Im Allgemeinen ist Z mehr- und oft sogar hoch-dimensional[2]. Durch geeignete Substitution lässt sich (52.1) auf die Berechnung von

$$\alpha = I(f) = \int_{[0,1]^s} f(\mathbf{x})\, d\mathbf{x}, \tag{52.2}$$

---

[1] Sie wurde in den 40er Jahren des letzten Jahrhunderts im Zuge des *Manhattan*-Projekts entwickelt. Die Namensgebung bezieht sich auf die in der Methode involvierte Zufälligkeit und geht auf den monegassischen Stadtteil Monte Carlo und seine berühmte Spielbank zurück.

[2] So muss etwa der Payoff einer pfadabhängigen Option durch Erzeugung vieler Zwischenwerte des stochastischen Prozesses während der Laufzeit ermittelt werden und für jeden dieser Zwischenwerte muss eine eigene Zufallsvariable simuliert werden.

reduzieren, wobei f eine reellwertige Funktion auf dem s-dimensionalen Einheitsintervall $[0,1]^s$ ist. Es werden nun also N zufällige unabhängige Integrationspunkte $\mathbf{x}_1, \ldots, \mathbf{x}_N$ in $[0,1]^s$ gewählt (gemäß der Gleichverteilung in $[0,1]^s$) und (52.2) durch das arithmetische Mittel

$$\alpha_N = I_N(f) = \frac{1}{N}\sum_{n=1}^{N} f(\mathbf{x}_n) \tag{52.3}$$

approximiert. Nach dem starken Gesetz der großen Zahlen gilt dann $I_N(f) \to I(f)$ für $N \to \infty$ mit Wahrscheinlichkeit 1. Nach dem zentralen Grenzwertsatz kann der Fehler der Approximation

$$I_N(f) - I(f) = \frac{1}{N}\sum_{n=1}^{N} f(\mathbf{x}_n) - \mathbb{E}[f]$$

näherungsweise durch eine normalverteilte Zufallsvariable mit Erwartungswert 0 und Varianz σ^2/N beschrieben werden, wobei $\sigma^2 = \int_{[0,1]^s}(f(\mathbf{x}) - I)^2\,d\mathbf{x}$. Man erhält für I_N somit das 95 %-Konfidenzintervall

$$I_N(f) \pm \frac{1.96\,\hat{\sigma}}{\sqrt{N}},$$

wobei

$$\hat{\sigma}^2 = \frac{1}{N}\sum_{n=1}^{N}(f(\mathbf{x}_n) - I_N(f))^2 = \frac{1}{N}\sum_{n=1}^{N}(f(\mathbf{x}_n))^2 - I_N^2(f).$$

In diesem Sinne liefert der Monte Carlo Schätzer eine probabilistische Fehlerschranke $O(N^{-1/2})$. Diese Schranke hängt (im Gegensatz zu klassischen numerischen Integrationsmethoden) nicht von der Dimension s ab.[3]

In praktischen Implementationen werden die Zufallsvektoren $\mathbf{x}_1, \ldots, \mathbf{x}_N$ durch einen deterministischen Algorithmus generiert, von dem man hofft, dass er die Gleichverteilung möglichst gut „imitiert". Diese Imitationen werden Pseudo-Zufallszahlen genannt und ihre Güte kann durch statistische Tests untersucht werden.

Varianzreduktionstechniken

Die (probabilistische) Fehler-Ordnung $O(N^{-1/2})$ des Monte Carlo Verfahrens bedeutet, dass für eine zusätzliche genaue Kommastelle eines Schätzwerts die Zahl N der Auswertungen um den Faktor 100 vergrößert werden muss.

Um die Varianz des Monte Carlo Schätzers von α zu reduzieren, versucht man nun beispielsweise eine andere Zufallsvariable Z' zu finden, sodass $\mathbb{E}[g(Z')] = \mathbb{E}[g(Z)] = \alpha$, jedoch $\mathrm{Var}[g(Z')] < \mathrm{Var}[g(Z)]$. Dies ist ein klassisches Problem in der Simulationstechnik und im Allgemeinen sehr aufwendig. Es muss also $\mathrm{Var}[g(Z')]$ schon bedeutend kleiner sein als $\mathrm{Var}[g(Z)]$, damit sich Varianzreduktionsmethoden lohnen (falls beispielsweise $\mathrm{Var}[g(Z')] = \mathrm{Var}[g(Z)]/2$ gilt, dann kann man durch

---

[3]Aus diesem Grund sind Monte Carlo Methoden für die numerische Integration allgemeiner Integranden den klassischen numerischen Integrationsmethoden ab Dimension $s \geq 5$ typischerweise überlegen.

Verdoppeln der Simulationsläufe von N auf $2N$ in der originalen Monte Carlo Methode die gleiche Genauigkeit erreichen wie für N-malige Simulation von $g(Z')$ und mitunter ist dann der Aufwand der Identifizierung und Implementierung von Z' größer als die entsprechende Erhöhung der Simulationsläufe).

Wir wollen nun drei Varianzreduktions-Verfahren etwas näher betrachten.

Bedingtes Monte Carlo

Sei Y eine andere Zufallsvariable, die zur gleichen Zeit wie Z erzeugt wird. Dann gilt für $g_1(Y) = \mathbb{E}[g(Z)|Y]$, dass $\mathbb{E}[g_1(Y)] = \mathbb{E}[g(Z)] = \alpha$, also kann auch $g_1(Y)$ für den Monte Carlo Schätzer von α verwendet werden. Wegen

$$\mathrm{Var}[g(Z)] = \mathrm{Var}[\mathbb{E}[g(Z)|Y]] + \mathbb{E}[\mathrm{Var}[g(Z)|Y]]$$

folgt

$$\mathrm{Var}[g_1(Y)] \leq \mathrm{Var}[g(Z)],$$

sodass die bedingte Monte Carlo Methode immer zu einer Varianzreduktion führt.

Importance Sampling

Hier ist die Idee, für die Simulation ein anderes Wahrscheinlichkeitsmaß zu verwenden, um den „wichtigen" Pfaden mehr Gewicht zu geben und dadurch die Effizienz des Verfahrens zu erhöhen. Nehmen wir der Einfachheit halber an, dass F_Z die Dichte $f \colon \mathbb{R}^s \to \mathbb{R}_+$ besitzt (der allgemeine Fall funktioniert analog). Dann gilt

$$\alpha = \mathbb{E}[g(Z)] = \int_{\mathbb{R}^s} g(z) f(z)\, dz.$$

Sei nun $f_I(z) \colon \mathbb{R}^s \to \mathbb{R}_+$ eine andere Dichtefunktion, sodass $f_I(z) > 0$ für alle $z \in \mathbb{R}^s \setminus \{z \colon f(z) \cdot g(z) = 0\}$. Dann kann das Integral

$$\alpha = \int_{\mathbb{R}^s} g(z) \frac{f(z)}{f_I(z)} f_I(z)\, dz$$

auch als Erwartungswert bezüglich der Dichte f_I aufgefasst werden, d.h.

$$\alpha = \mathbb{E}_I\left[g(Z) \frac{f(Z)}{f_I(Z)} \right],$$

wobei der Index I beim Erwartungswert kennzeichnet, dass Z jetzt mit Dichte f_I verteilt ist[4]. Man generiert nun mit der Monte Carlo Methode die Stichproben $z_1, \ldots, z_N$ bzgl. f_I und verwendet den erwartungstreuen Schätzer

$$\hat{\alpha}_I = \frac{1}{N} \sum_{i=1}^{N} g(z_i) \frac{f(z_i)}{f_I(z_i)}. \tag{52.4}$$

---

[4] $f(Z)/f_I(Z)$ ist die sog. Radon-Nikodym-Ableitung und wird auch *likelihood ratio* genannt.

Varianzreduktion kann mit diesem Verfahren erreicht werden, wenn f_I so gewählt wird, dass

$$\mathbb{E}_I\left[\left(g(Z)\frac{f(Z)}{f_I(Z)}\right)^2\right] = \mathbb{E}\left[g^2(Z)\frac{f(Z)}{f_I(Z)}\right] < \mathbb{E}\left[g^2(Z)\right].$$

Aus (52.4) sieht man, dass die Varianz des Schätzers insbesondere dann gering ist, wenn $f_I(z)$ „möglichst proportional" zum Produkt $g(z)f(z)$ gewählt werden kann. Wenn etwa g den Payoff einer Option beschreibt und f die risikoneutrale Dichte, so sollte f_I also tendenziell in jenen Gebieten mehr Masse haben (d.h. mehr Stichproben liefern), wo dieses Produkt groß ist (bei einer Knock-In Barrier-Option wird man also z.B. f_I so wählen, dass die Barrier öfter erreicht wird als unter der originalen Dichte f, siehe Übungsaufgabe XI.10).

Kontrollvariablen

Sei jetzt $s = 1$ und o.B.d.A. $g(z) \equiv z$. Sei weiters Y eine mit Z korrelierte Zufallsvariable mit bekanntem Erwartungswert $\mathbb{E}[Y]$. Dann können Z und Y gemeinsam simuliert werden und aus dem (somit bekannten) Fehler des Schätzers von $\mathbb{E}[Y]$ kann dann der Schätzer $\hat{\alpha}_Z$ von $\mathbb{E}[Z]$ korrigiert werden. Wir erzeugen also N unabhängige Stichproben $(z_1, y_1), \ldots, (z_N, y_N)$ des Vektors (Z, Y). Für ein fixiertes a berechnen wir dann

$$z_j(a) = z_j - a(y_j - \mathbb{E}[Y]), \quad j = 1, \ldots, N$$

und erhalten durch Aufsummierung den neuen Schätzer

$$\hat{\alpha}_Z(a) := \sum_{j=1}^{N} z_j(a)/N = \hat{\alpha}_Z - a(\hat{\alpha}_Y - \mathbb{E}[Y])$$

als Korrektur des ursprünglichen Monte Carlo Schätzers $\hat{\alpha}_Z = \sum_{j=1}^{N} z_j/N$ mit Hilfe des beobachteten Schätz-Fehlers von $\hat{\alpha}_Y = \sum_{j=1}^{N} y_j/N$. Es gilt $\mathbb{E}[\hat{\alpha}_Z(a)] = \mathbb{E}[Z]$. Seien σ_Y^2 und σ_Z^2 die Varianzen von Y bzw. Z und bezeichne $\rho_{Y,Z}$ den Korrelationskoeffizient von Y und Z. Dann gilt

$$\mathrm{Var}[Z_j(a)] = \sigma_Z^2 - 2a\sigma_Y\sigma_Z\rho_{Y,Z} + a^2\sigma_Y^2 = n\,\mathrm{Var}[\hat{\alpha}_Z(a)]. \tag{52.5}$$

Da $\mathrm{Var}[\hat{\alpha}_Z] = \mathrm{Var}[\hat{\alpha}_Z(0)] = \sigma_Z^2/n$, hat der neue Schätzer $\hat{\alpha}_Z(a)$ eine kleinere Varianz als $\hat{\alpha}_Z$, falls $a^2\sigma_Y < 2a\sigma_Z\,\rho_{Y,Z}$. Insbesondere lässt sich aus (52.5) jener Wert von a ermitteln, für den die Varianz des neuen Schätzers minimal ist:

$$a^* = \rho_{Y,Z}\frac{\sigma_Z}{\sigma_Y} = \frac{\mathrm{Cov}[Y, Z]}{\mathrm{Var}[Y]}.$$

Somit ist dann die Varianz-Verbesserung gegeben durch

$$\frac{\mathrm{Var}[\hat{\alpha}_Z(a^*)]}{\mathrm{Var}[\hat{\alpha}_Z]} = 1 - \rho_{Y,Z}^2.$$

Je stärker also die Korrelation zwischen Z und Y ist, desto mehr wird die Varianz reduziert. In der Praxis ist $\rho_{Y,Z}$ (und meist auch Var$[Y]$) typischerweise nicht bekannt (wir wollen ja $\mathbb{E}[Z]$ erst schätzen!), jedoch funktioniert das Verfahren zumeist hinreichend gut, wenn man a^* durch einige Vorab-Simulationsläufe oder auch einfach durch

$$\hat{a} = \frac{\sum_{j=1}^{n}(y_j - \hat{\alpha}_Y)(z_j - \hat{\alpha}_Z)}{\sum_{j=1}^{n}(y_j - \hat{\alpha}_Y)^2}$$

schätzt.

Die Methode der Kontrollvariablen liefert oft eine beträchtliche Varianzreduktion und wird in verschiedenen Bereichen der Finanzmathematik verwendet, etwa wenn man eine Option bepreisen muss, deren Payoff sehr ähnlich dem einer anderen Option ist, für die eine analytische Formel existiert (siehe Übungsaufgabe XI.11).

■ 53
Quasi-Monte Carlo Methoden

Wie bereits erwähnt ist die probabilistische Fehler-Ordnung des klassischen Monte Carlo Verfahrens $O(N^{-1/2})$. *Probabilistisch* heißt in diesem Zusammenhang, dass nur mit einer bestimmten Wahrscheinlichkeit (im obigen Konfidenz-Intervall 95 %) die tatsächliche Fehler-Ordnung von dieser Größenordnung ist, in einem bestimmten Durchgang allerdings somit nicht garantiert werden kann. Dies motiviert die Verwendung von deterministisch verteilten Punkten, die die Vorteile der Monte Carlo Methode behalten, aber deterministische (und asymptotisch bessere) Fehlerschranken liefern:

Anstatt von zufällig verteilten Punkten in $[0,1]^s$ werden zur Berechnung von (52.2) deterministische Punktfolgen verwendet, von denen man weiß, dass sie „gut" gleichverteilt sind. Ein Maß dafür, wie gut eine Folge von Punkten $\{x_n\}_{n=1}^N$ in I^s verteilt ist, ist die so genannte *Stern-Diskrepanz*

$$D_N^*(\mathbf{x}_1, \ldots, \mathbf{x}_N) = \sup_{\beta \in [0,1]^s} \left| \frac{1}{N} \sum_{n=1}^{N} 1_{[0,\beta)}(\mathbf{x}_n) - \beta_1 \cdot \ldots \cdot \beta_s \right|.$$

Hierbei ist $[0,\beta) = [0,\beta_1) \times \ldots) \times [0,\beta_s)$ und 1_A ist die charakteristische Funktion der Menge A. Eine Folge $\omega = \{x_n\}_{n=1}^\infty$ heißt *gleichverteilt*, wenn

$$\lim_{N \to \infty} D_N^*(\omega) = 0.$$

In der Theorie der Gleichverteilung wird bewiesen, dass für den Schätzer (52.3) mit einer gleichverteilten Folge $\omega = \{x_n\}_{n=1}^\infty$ gilt, dass $I_N \to I$ für $N \to \infty$. Eine obere Schranke für die Approximation mit N Punkten wird durch die sog. *Koksma-Hlawka-Ungleichung* gegeben:

$$\left| I - \frac{1}{N} \sum_{n=1}^{N} f(\mathbf{x}_n) \right| \leq V(f) D_N^*(\omega), \tag{53.6}$$

wobei $V(f)$ die Variation der Funktion[5] angibt. Je kleiner die Diskrepanz der Folge ist, desto kleiner ist also der Approximationsfehler. Die Fehler-Schranke ist ein Produkt, von dem ein Faktor nur von den Eigenschaften des Integranden und der andere nur von der verwendeten Folge abhängt. Die Sterndiskrepanz der besten bekannten gleichverteilten Folgen hat asymptotische Ordnung $O((\log N)^s/N)$. Solche Folgen werden als *Folgen kleiner Diskrepanz* bezeichnet. Wegen (53.6) gilt also bei Verwendung solcher Folgen für den gesamten Approximationsfehler $O((\log N)^s/N)$. Im Gegensatz zur Monte Carlo Methode ist diese Fehlerschranke zwar von s abhängig, aber sie ist deterministisch! Diese Schranke ist weiters nur ein „worst case" – typischerweise wird der tatsächliche Integrationsfehler weit kleiner sein als seine Schranke. In der Folge betrachten wir einige Beispiele für Folgen kleiner Diskrepanz.

Van der Corput- und Halton-Folgen

Man wählt eine ganze Zahl $b \geq 2$. Das n-te Folgenglied x_n der *Van der Corput-Folge zur Basis b* ergibt sich dann aus der eindeutigen Ziffernentwicklung $n = \sum_{j=0}^{\infty} a_j(n)b^j$ (wobei $a_j(n) \in \{0, \dots, b-1\}$), indem wir diese Ziffern am Dezimalpunkt spiegeln, d.h. wir erhalten

$$\phi_b(n) = \sum_{j=0}^{\infty} a_j(n)b^{-j-1}.$$

Nun wählen wir $x_n = \phi_b(n)$ für alle $n \geq 0$.

Diese Konstruktion kann man nun leicht auf $s > 1$ Dimensionen erweitern, indem man s ganze teilerfremde Zahlen $b_1, \dots, b_s \geq 2$ wählt. Dann erhält man die *Halton-Folge in den Basen* $b_1, \dots, b_s$ durch

$$\mathbf{x}_n = (\phi_{b_1}(n), \dots, \phi_{b_s}(n)) \in I^s \qquad \text{für alle } n \geq 0.$$

Netzartige Folgen

Die sog. *netzartigen Folgen* haben eine noch kleinere Diskrepanz. Dabei ist ein (t, m, s)-*Netz zur Basis b* definiert als Punktmenge P von $N = b^m$ Punkten in $[0, 1]^s$, sodass in jedem Elementarintervall vom Typ

$$E = \prod_{i=1}^{s}[a_i b^{-d_i}, (a_i + 1)b^{-d_i}), \qquad a_i, d_i \in \mathbb{Z}, \ d_i \geq 0, \ 0 \leq a_i < b^{d_i}, \ 1 \leq i \leq s,$$

für das $vol(E) = b^{t-m}$ gilt, genau b^t Punkte von P liegen. Dementsprechend heißt eine Folge $\mathbf{x}_0, \mathbf{x}_1, \dots$ von Punkten in I^s eine (t, s)-*Folge zur Basis b*, wenn für alle $k \geq 0$ und $m > t$ die Punktmenge $P_{k,m} = \{\mathbf{x}_n : kb^m \leq n < (k+1)b^m\}$ ein (t, m, s)-Netz ist. Beispielsweise ist die van der Corput-Folge zur Basis b eine $(0, 1)$-Folge in Basis b. (t, s)-Folgen zur Basis 2 nennt man *Sobol-Folgen*. Ihre Konstruktion ist etwas aufwendiger als jene der Halton-Folge, jedoch wird sie häufig bei der Lösung von finanzmathematischen Problemen eingesetzt, da sie für die dort auftretenden Integranden gut geeignet ist (siehe Übungsaufgabe XI.16).

---

[5]Konkret die Total-Variation im Sinne von Hardy und Krause.

Abbildung 53.1 gibt einen visuellen Vergleich der Verteilung der ersten 1000 Punkte einer zweidimensionalen Folge mit Pseudo-Zufallszahlen, einer Haltonfolge (mit Basen 2 und 3) sowie einer Sobolfolge. Die QMC-Folgen füllen das Einheitsquadrat viel gleichmässiger aus als die Pseudo-zufällige Folge.

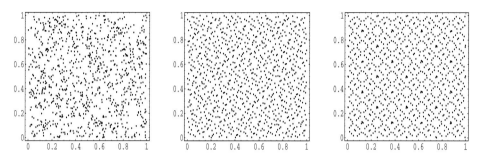

Abb. 53.1. Pseudozufallszahlenfolge (links), Halton-Folge mit $b_1 = 2, b_2 = 3$ (Mitte) und Sobol-Folge (rechts) in $[0, 1]^2$.

Während die Verteilungs-Eigenschaften der Quasi-Monte Carlo Folgen in niedrigen Dimensionen sehr gut (und meist signifikant besser als jene der Monte Carlo Folgen) sind, kann die Fehler-Schranke (53.6) und auch der tatsächliche Fehler für große Dimensionen s sehr groß werden. Darum empfiehlt es sich in der Praxis, in einem hoch-dimensionalen Problem für die ersten (z.B. 20) Dimensionen QMC-Punkte und für die restlichen Dimensionen MC-Punkte zu verwenden (sog. *Hybrid-Methoden*). Alternativ dazu lassen sich für manche Integrationsprobleme auch einige Dimensionen als „wichtiger" als andere identifizieren und die Verwendung der ersten QMC-Dimensionen für diese wichtigen Dimensionen kann das Simulationsergebnis deutlich verbessern. Dies wollen wir am Beispiel der Simulation einer Brownschen Bewegung illustrieren:

Brownsche Brücke. Ein Stichprobenpfad einer Brownschen Bewegung W_t im   Beispiel
Intervall $[0, T]$ lässt sich einfach simulieren, indem man sich eine Schrittweite $\Delta t = t_{n+1} - t_n = T/M$ vorgibt und, startend mit $W_0 = 0$, zu jedem Zeitpunkt t_{n+1} ($n = 0, \ldots, M-1$) zum bereits ermittelten Wert W_{t_n} das Inkrement $W_{t_{n+1}} - W_{t_n}$ (als Stichprobe einer Normalverteilung mit Erwartungswert 0 und Varianz T/M) addiert[6]. Sei nun $M = 2^m$ eine Zweierpotenz. Im oben beschriebenen Algorithmus ist jede Dimension „gleich wichtig". Somit wird etwa bei Verwendung von QMC-Folgen die Eigenschaft nicht genutzt, dass die ersten Dimensionen „besser verteilt sind". Die Brownsche-Brücken-Konstruktion ist jetzt eine alternative Möglichkeit der Erzeugung von Stichprobenpfaden: Hier wird zuerst W_T als $N(0, T)$-verteilte Zufallsvariable erzeugt; als Nächstes folgt $W_{T/2}$ als Zufallsvariable, deren Realisierung auf den Wert $W_0 = 0$ und W_T bedingt ist. Konkret gilt, dass $W_{T/2} \sim N(W_T/2, 1/4)$ (siehe Übungsaufgabe XI.4). Im nächsten Schritt werden die Werte $W_{T/4}$ und $W_{3T/4}$ bestimmt, die nun wieder normalverteilt sind

---

[6]Für $T = 1$ und eine Schrittweite von $\Delta t = 0.01$ sind somit $M = 100$ normalverteilte Zufallsvariablen nötig, um den Pfad zu simulieren, d.h. dass etwa für die Simulation eines Optionspreises mit $N = 1000$ Pfaden in diesem Fall 1000 Punkte einer 100-dimensionalen Punktfolge benötigt werden.

mit Parametern, die von den bereits bestimmten Werten abhängen usw. Schrittweise wird so der Stichprobenpfad verfeinert und die ersten Dimensionen der Punktfolge werden für die „wichtigeren" Punkte verwendet, die den Verlauf des Stichprobenpfades also nachhaltiger beeinflussen als die restlichen Dimensionen. Obwohl schlussendlich wie bei der ursprünglichen Simulation auch bei der Brownsche Brücke wieder N Punkte einer M-dimensionalen Punktfolge benötigt werden, kann man durch diese „Umordnung" die Genauigkeit von Quasi-Monte Carlo Verfahren entscheidend verbessern (siehe Übungsaufgabe XI.17).

■ 54
Simulation von stochastischen Differentialgleichungen

Die stochastische Differentialgleichung (28.8) für die geometrische Brownsche Bewegung in Kapitel VI war explizit lösbar. Für viele andere in der Finanzmathematik auftretenden stochastischen Differentialgleichungen gibt es jedoch keine explizite Lösung. In diesem Fall muss auf ein numerisches Approximationsschema zurückgegriffen werden, mit dem Pfade der Lösung simuliert werden.

Betrachten wir nun allgemein Itô-Prozesse vom Typ

$$dX_t = \mu(X_t)\, dt + \sigma(X_t)\, dW_t. \tag{54.7}$$

Wenn wir die Zeit diskretisieren (mit Schrittweite Δt), dann können wir (54.7) wie folgt approximieren:

$$X_{t+\Delta t} \approx X_t + \mu(X_t)\, \Delta t + \sigma(X_t)\, \Delta W_t. \tag{54.8}$$

Hier haben wir also $\mu(X_\tau)$ und $\sigma(X_\tau)$ über das Zeitintervall $t \leq \tau \leq t + \Delta t$ durch den linken Endpunkt $\mu(X_t)$ bzw. $\sigma(X_t)$ ersetzt. Auf Grund der Definition der Brownschen Bewegung gilt $\Delta W_t \sim N(0, \Delta t)$. Das Approximations-Schema (54.8) heißt *Euler-Schema*[7] und ist eine einfache Möglichkeit, Lösungspfade von (54.7) zu approximieren (nach Festlegung des Startwerts X_0 und der Schrittweite Δt ist einfach in jedem Iterationsschritt eine normalverteilte Zufallsvariable ΔW_t zu simulieren und der neue Wert nach (54.8) zu berechnen). Unter milden Voraussetzungen an die Funktionen μ und σ konvergiert das Verfahren für $\Delta t \to 0$ gegen die exakte Lösung.

Eine Verbesserung des obigen Verfahrens kann man wie folgt erhalten: Nach der Ito-Formel (27.7) gilt ja

$$d\sigma(X_t) = \left(\sigma'(X_t)\, \mu(X_t) + \frac{1}{2}\sigma''X_t)\, \sigma^2(X_t) \right)\, dt + \sigma'(X_t)\, \sigma(X_t)\, dW_t.$$

Nun können wir diese Gleichung für $s > t$ analog zu oben diskretisieren:

$$\sigma(X_s) - \sigma(X_t) = \left(\sigma'(X_t)\, \mu(X_t) + \frac{1}{2}\sigma''(X_t)\, \sigma^2(X_t) \right)\, (s-t) + \sigma'(X_t)\, \sigma(X_t)\, (W_s - W_t),$$

---

[7]Da es der Euler-Approximation zur numerischen Lösung gewöhnlicher Differentialgleichungen entspricht.

wobei wir wieder die Koeffizienten durch den Wert im linken Endpunkt t des Intervall $[t, s]$ ersetzen. Da $W_s - W_t$ von der (für kleine Intervallgrößen $s - t$ dominierenden) Größenordnung $\sqrt{s - t}$ ist (vgl. Kapitel VI), approximieren wir

$$\sigma(X_s) \approx \sigma(X_t) + \sigma'(X_t)\,\sigma(X_t)\,(W_s - W_t).$$

Für $X_{t+\Delta t}$ ergibt das

$$X_{t+\Delta t} \approx X_t + \int_t^{t+\Delta t} \mu(X_s)\,ds + \int_t^{t+\Delta t} \sigma(X_t)dW_s + \sigma'(X_t)\,\sigma(X_t)\int_t^{t+\Delta t}(W_s - W_t)dW_s.$$

Mit (29.11) gilt

$$\int_t^{t+\Delta t}(W_s - W_t)dW_s = \frac{1}{2}(W_{t+\Delta t} - W_t)^2 - \frac{1}{2}\Delta t = \frac{1}{2}(\Delta W_t)^2 - \frac{1}{2}\Delta t$$

und somit erhält man das schneller konvergierende sog. *Milstein-Schema*

$$X_{t+\Delta t} \approx X_t + \mu(X_t)\,\Delta t + \sigma(X_t)\,\Delta W_t + \frac{\sigma'(X_t)\,\sigma(X_t)}{2}\left((\Delta W_t)^2 - t\right). \qquad (54.9)$$

■ 55
Literaturhinweise und Übungsaufgaben

Eine allgemeine und gut lesbare ausführliche Darstellung von Monte Carlo Verfahren in der Finanzmathematik ist das Buch von Glasserman [31]. In Asmussen & Glynn [2] findet man eine Fülle von Techniken und dahinter stehenden Ideen für die stochastische Simulation. Als Einführung in die Theorie der Quasi-Monte Carlo Methoden ist Niederreiter [50] zu empfehlen, für Fortgeschrittene das Buch von Drmota & Tichy [17].

Übungsaufgaben

XI.1. *Warum ist es oft sinnvoll,* $\log S_t$ *statt direkt* S_t *zu simulieren? Hinweis 1: Kann* S_t *in der Realität negativ sein? Hinweis 2: Welche Vorteile bringt im Black-Scholes-Modell die stochastische Differentialgleichung für* $\log S_t$ *gegenüber jener für* S_t?

XI.2. *Um welchen Faktor verringert sich mit der Kontrollvariablen-Technik die Varianz des MC-Schätzers, wenn eine zu Z stark korrelierte Zufallsvariable Y mit bekanntem Erwartungswert vorhanden ist, wobei der Korrelationskoeffizient 0.99, 0.98, 0.95 bzw. 0.85 ist?*

XI.3. *Ein weiteres Varianzreduktionsverfahren ist das sogenannte* antithetische Verfahren*: Statt (52.3) verwendet man dabei den Schätzer*

$$I_N^A(f) = \frac{1}{2N}\sum_{n=1}^N \left(f(\mathbf{x}_n) + f(\mathbf{1} - \mathbf{x}_n)\right),$$

wobei $\mathbf{1} = (1, \ldots, 1)$. *Zeigen Sie, dass*

$$Var[I_N^A(f)] = \frac{1}{2N}\Big(Var[f(\mathbf{U}_s)] + Cov[f(\mathbf{U}_s), f(\mathbf{1} - \mathbf{U}_s)]\Big),$$

wobei $\mathbf{U}_s$ eine s-dimensionale Zufallsvariable mit unabhängigen und auf [0,1] gleich-verteilten Komponenten ist und somit die Varianz bei negativer Kovarianz verringert wird (insbesondere das antithetische Verfahren bei komponentenweise monotonen Funktionen f am wirksamsten ist).

XI.4. *Zeigen Sie, dass für $s_1 < s_2 < \cdots < s_k$ gilt*

$$W_s \Big| W_{s_1} = x_1, W_{s_2} = x_2, \ldots, W_{s_k} = x_k$$

$$\sim N\left(\frac{(s_{i+1} - s)x_i + (s - s_i)x_{i+1}}{s_{i+1} - s_i}, \frac{(s_{i+1} - s)(s - s_i)}{s_{i+1} - s_i}\right),$$

wobei $s_i < s < s_{i+1}$ die unmittelbaren Nachbarn von s sind.

Aufgaben mit Mathematica

XI.5. *Initialisieren Sie den Pseudo-Zufallszahlen-Generator* `RandomReal` *von Mathematica und berechnen Sie damit numerisch das Integral*

$$\int_{[0,1]^5} x_1 x_2^2 (x_3 - x_4 x_5)\, dx_1\, dx_2\, dx_3\, dx_4\, dx_5.$$

Finden Sie dabei empirisch eine angemessene Wahl von N und vergleichen Sie den erhaltenen Wert mit dem exakten Wert des Integrals.

XI.6. *Was macht dieser Mathematica-Code?*

```
T = 1; Δt = 1/250; m = T/Δt; ρ = -0.8;
t = AbsoluteTime[];
W = {{0,0}};
For[i = 1, i <= m, i++,
  Z1 = RandomReal[NormalDistribution[0,√Δt]];
  Z2 = ρ*Z1 + √(1-ρ^2)*RandomReal[NormalDistribution[0,√Δt]];
W = Append[W,{W[[i,1]]+Z1, W[[i,2]]+Z2}]];
AbsoluteTime[]-t
```

XI.7. *Verwenden Sie das Euler-Schema (5.000 Pfade und $\Delta t = 1/100$), um im Black-Scholes-Modell mit $S_0 = 100$, $r = 0.04$ und $\sigma = 0.2$ eine Europäische Call-Option mit Laufzeit $T = 1$ Jahr und Ausübungspreis $K = 110$ numerisch zu bewerten. Simulieren Sie hierzu $\log S_t$ und vergleichen Sie den so erhaltenen Wert mit der exakten Formel. Berechnen Sie das Konfidenzintervall und verdoppeln Sie anschließend die Anzahl der Pfade. Wie verändert sich das Konfidenzintervall? Was passiert, wenn Sie $\Delta t = 1$ setzen? Was schließen Sie aus der Laufzeit des Verfahrens?*

XI.8. *Verwenden Sie dieselben Parameter wie in Beispiel XI.7 und vergleichen Sie Geschwindigkeit und Genauigkeit des Euler-Schemas mit dem auf die Black-Scholes-Gleichung (30.1) angewandten expliziten Differenzenverfahren aus Kapitel X.*

XI.9. *Modifizieren sie den Code aus Übungsaufgabe XI.6 so, dass Sie den risikoneutralen Log-Preisprozess im Heston-Modell mit Parametern $S_0 = 1$, $v_0 = 0.0654$, $r = 0.03$, $\kappa = 0.6067$, $\theta = 0.0707$, $\lambda = 0.2928$, $\rho = -0.7571$ mittels eines Euler-Schemas simulieren können (mit Schrittweite $\Delta t = 1/25$ und Laufzeit $T = 1$). Setzen Sie hierbei die Varianz auf 0, wenn $v_i < 0$ für ein i gilt (also die Varianz auf Grund der Diskretisierung negativ wird).*

XI.10. *Bei der Simulation von Optionspreisen kann Importance Sampling oft gewinnbringend eingesetzt werden. Zum Beispiel werden für eine Knock-In Barrier-Option, deren Schwellwert weit vom derzeitigen Aktienwert entfernt ist, die meisten Simulationspfade nach der risikoneutralen Wahrscheinlichkeit den Payoff 0 ergeben. Wenn jedoch der Drift derart geändert wird, dass viele Pfade die Barrier erreichen und die resultierenden Werte entsprechend dem Schema korrigiert werden, erhält man eine wesentlich geringere Varianz. Benutzen Sie den folgenden Mathematica-Code, um eine diskret beobachtete Knock-In-Option mit Knock-In-Level $U = 140$, Ausübungspreis $K = 110$ und Beobachtungszeiten $i/16$, $i = 1, \ldots, 16$ (das entspricht 4 Beobachtungen pro Quartal) im Black-Scholes-Modell aus Übungsaufgabe XI.7 zu bepreisen.*

```
T = 1; n = 5000; Δt = 1/16; m = T/Δt; μ = 0.4; K = 110; U = 140;
t = AbsoluteTime[];
Payoff = {};
For[j = 1, j <= n, j++,
  S = {Log[100]}; w = 1;
  For[i = 1, i <= m, i++,
    Z = RandomReal[NormalDistribution[μ-σ²/2, σ√[Δt]]];
    w *= Exp[((Z-Δt*(μ-σ²/2))²-(Z-Δt*(r-σ²/2))²)/(2*Δt*σ²)];
    S = Append[S, S[[i]]+Z];];
  Payoff = Append[Payoff, If[Exp[Max[S]]>=U,
    w*Exp[-r*T]*Max[Exp[Last[S]]-K, 0], 0]];]
AbsoluteTime[]-t
```

Testen Sie, wieviele Simulationen notwendig sind, um ein Konfidenzintervall gleicher Größe ohne Importance Sampling zu bekommen und vergleichen Sie die Laufzeiten! Wie ändert sich die Performance bei Änderungen von µ? Was schließen Sie daraus?

XI.11. *Bestimmen Sie mit Hilfe einer MC-Simulation (10.000 Pfade) den Preis einer asiatischen Call-Option im Black-Scholes-Modell mit Expiry $T = 1$ mit monatlicher arithmetischer Durchschnittsbildung, $S_0 = K = 100$, $r = 0.05$ und $\sigma = 0.2$. Wie groß ist das Konfidenz-Intervall? Testen Sie die Varianzreduktion, wenn Sie als Kontrollvariable die europäische Call-Option wählen und bestimmen Sie dann das Konfidenzintervall. Wie groß ist die resultierende Korrelation? (Es empfiehlt sich, hier die gleichen Realisierungen der Stichprobenpfade für die Schätzung des asiatischen und europäischen Optionspreises zu verwenden und auf diese Weise eine Kontrollvariable mit hoher Korrelation zu erzeugen.)*

XI.12. *Verwenden Sie das Heston-Modell aus Übungsaufgabe XI.9, um den Preis eines europäischen Calls mit Strike $K = 1$ zu bepreisen. Erzeugen Sie hierfür 5.000 Pfade und benutzen Sie für die Simulation der Varianz sowohl das Euler- als auch das Milstein-Schema!*

XI.13. *Konstruieren Sie die ersten tausend Punkte der 4-dimensionalen Halton-Folge mit Basen $b_1 = 2, b_2 = 3, b_3 = 5, b_4 = 7$ mit Hilfe eines einfachen Mathematica-Programms.*

XI.14. *Plotten Sie die ersten 200 Punkte einer Halton-Folge in Dimension 21 und 22: Ist die Diskrepanz der resultierenden Folge in $[0, 1]^2$ noch zufriedenstellend?*

XI.15. *Verwenden Sie die 16-dimensionale Halton-Folge mit den ersten 16 Primzahlen als Basen anstelle der Zufallszahlen in Übungsaufgabe XI.10.*

XI.16. *Verwenden Sie in Mathematica den Befehl[8]*

```
BlockRandom[SeedRandom[
    Method -> {"MKL", Method -> {"Sobol", "Dimension" -> k}}];
   RandomReal[1, {n, k}]]
```

um eine k-dimensionale Sobol-Folge der Länge n zu erzeugen. Benutzen Sie diese Folge anstelle der Zufallszahlen in Übungsaufgabe XI.10. Wie wirkt sich dies auf das Resultat aus?

XI.17. *Verwenden Sie in Übungsaufgabe XI.16 eine Brownsche-Brücken-Konstruktion und vergleichen Sie die Resultate!*

---

[8]Diese Funktion funktioniert nur auf Windows (32-bit, 64-bit), Linux x86 (32-bit, 64-bit) und Linux Itanium Systemen.

XII Kalibrieren von Modellen – Inverse Probleme

Wir haben in den bisherigen Kapiteln einige Modelle für die Stochastik von Aktienkursen und von Zinsen kennengelernt, deren Ausprägungen dann natürlich von den sie beschreibenden Parametern abhängen. Bei der Bewertung eines Derivats beeinflussen diese Parameter den sich daraus ergebenden Preis und die Griechen ganz wesentlich. Anders als bei physikalischen Aufgabenstellungen, bei denen etwa über die wahre Wärmeleitfähigkeit von Kupfer bei Zimmertemperatur weitestgehende Übereinstimmung herrscht, gibt es auf den Finanzmärkten a priori keine einhellige Meinung über die Wahrscheinlichkeitsverteilung zukünftiger Entwicklungen, sondern – in liquiden Märkten – ein ökonomisches Gleichgewicht, zu dem Finanzinstrumente und Derivate gehandelt werden. Wenn wir beispielsweise an Aktienoptionen denken, so ist die in der Praxis häufig quotierte implizierte Black-Scholes-Volatilität ja nichts anderes als eine einfache Möglichkeit, den Preis einer ganz konkreten Option (Laufzeit, Ausübungspreis) anzugeben. Mit welcher Volatilität und nach welcher Dynamik sich die Aktie dann tatsächlich bewegen wird, hat mit der quotierten implizierten Volatilität (die ja ein *common sense* der Händler ist) also a priori nichts zu tun.

Das typische Vorgehen beim Bewerten eines Derivats ist nun das folgende:

1. Auswahl eines Modells, das verwendet werden sollte (oder mehrerer Modelle, um das Modellrisiko einschätzen zu können).
2. Bestimmen der Parameter, die in diesem Modell verwendet werden, aus Marktpreisen liquider Instrumente.
3. Berechnung des Wertes und gegebenenfalls von Sensitivitäten des Derivats (im Normalfall mit numerischen Methoden) unter Verwendung dieser Parameter.

In den vorherigen Kapiteln haben wir einige Modelle (Punkt 1) sowie Methoden zur Berechnung der Derivatspreise (Punkt 3) in diesen Modellen kennengelernt. Nun wollen wir uns Punkt 2 zuwenden, also der Bestimmung der Modellparameter (etwa der Volatilität $\sigma(S, t)$ im Dupire-Modell, der Parameter des Heston-Modells oder der Parameterfunktionen im Hull-White- oder Black-Karasinski-Modell). Dies sind Beispiele so genannter *inverser Probleme*, bei denen aus beobachteten oder beabsichtigten Wirkungen (Marktpreise liquider Instrumente) quantitativ auf die Ursachen (Parameterfunktionen der Modelle), die zu diesen Wirkungen führen, zurück geschlossen werden soll. Inverse Probleme sind mitunter sehr heikel:

Betrachten wir zur Illustration ein sehr einfaches inverses Problem aus der Finanzmathematik: die Bestimmung von Forward Short Rates aus Preisen von Nullkupon-Anleihen unterschiedlicher Laufzeiten

$$e^{-\int_0^T r(\tau)d\tau} = Z(0, T),$$

wobei $Z(0, T)$ den quotierten Preis der Nullkuponanleihe, der zum Zeitpunkt T einen Nominalbetrag von 1 tilgt, bezeichnet. Offensichtlich gilt mit der Definition $y(T) := -\ln Z(0, T)$ für hinreichend glattes y:

$$r(t) = \frac{d}{dt} y(t)$$

Im Normalfall ist $Z(0, T)$ nicht beliebig genau gegeben, sondern mit einem „Spread" zwischen Ankaufs- und Verkaufspreis (engl. *bid-ask spread*). Um mögliche Probleme selbst kleiner Ungenauigkeiten zu illustrieren, definieren wir nun $y_n^\delta(t) :=$ $y(t) + \delta \sin(nt/\delta)$ und $r_n^\delta(t) = dy_n^\delta(t)/dt = r(t) + n \sin(nt/\delta)$ als die dazu gehörige Ableitung. Dann gilt $\max_t |y_n^\delta(t) - y(t)| = \delta$ für jedes n, während die resultierende maximale Abweichung von r durch $\max_t |r_n^\delta(t) - r(t)| = n$ gegeben ist. Für großes n sieht man also, dass beliebig kleine Schwankungen in der Zerobondkurve – in diesem Fall durch das Differenzieren – zu beliebig großen Änderungen in der resultierenden Forward Short Rate führen können (siehe dazu auch Übungsaufgabe XII.2).

■ 56
Zinskurven-Fits im Hull-White-Modell

Ein etwas komplizierterer Fall liegt beim Bestimmen der Parameterfunktion $a(t)$ im Ein-Faktor-Hull-White-Modell (Abschnitt 43) vor. Wir rekapitulieren die Formel (43.8) und nehmen an, dass die Reversion Speed b und die Volatilität σ bekannt oder gegeben seien, ebenso wie der Anfangswert der Short Rate $r(t_0)$. Dann sind, sobald die Bondpreise für alle T gegeben sind, auch die Werte $A(t_0, T)$ als Daten bekannt, und die Bestimmung der Funktion a führt auf die Aufgabe

$$\int_{t_0}^{T} a(s)\,(e^{-b(T-s)} - 1)\,ds = g(T) \tag{56.1}$$

für ein aus der Umformung entstandenes g. Dies ist eine lineare Integralgleichung der 1. Art, bei der die unbekannte (gesuchte) Funktion a nur unter dem Integral vorkommt. Integralgleichungen sind sehr gut studiert[1]. Der Integraloperator, der in unserem Beispiel die (unbekannte) Funktion a auf die rechte Seite g abbildet, dämpft Oszillationen in a[2], und die Dämpfung ist umso stärker, je hochfrequenter der Input a ist. Ist nun umgekehrt g mit Datenfehlern verrauscht (die im Normalfall hochfrequent sind), dann wird naives Lösen eines diskretisierten Systems der Integralgleichung diese Datenfehler verstärken, und dies umso mehr, je höher die Störfrequenz ist[3].

Dazu betrachten wir ein konkretes Beispiel mit Reversion Speed $b = 0.08$ und Hull-White-Volatilität $\sigma = 0.7\%$ mit einem Zeithorizont von 25 Jahren. Die

---

[1] Siehe z.B. Engl [22].

[2] Das ist allgemein eine Eigenschaft von Integraloperatoren mit beschränktem Integrationsgebiet und schwachen Voraussetzungen an den Integrationskern (in unserem Fall die Exponentialfunktionen), etwa quadratische Integrierbarkeit. Unter solchen Voraussetzungen ist der Integraloperator ein so genannter kompakter Operator, dessen Singulärwerte gegen 0 konvergieren.

[3] Genau diese Eigenschaft haben wir uns bei der Konstruktion des obigen Beispiels zur Bestimmung der Forward Short Rate zu Nutze gemacht.

wahre Zinsstrukturkurve (zero rate mit continuous compounding) sei für $T \in [0, 25]$ gegeben durch $0.06 - 0.03 \exp(-T/4)$. Die Zinsen starten also bei 3 % und steigen asymptotisch gegen 6 % (wir setzen auch im Hull-White-Modell $r_0 = 0.03$). An den Stützstellen der Zinskurve stören wir mit einem relativen Fehler von maximal 0.1 %, also absolut um maximal 0.6 Basispunkte[4]. Es ergeben sich für jährliche und monatliche Diskretisierung dann die folgenden Lösungen für a (fettgedruckte Linie: exakte Lösung):

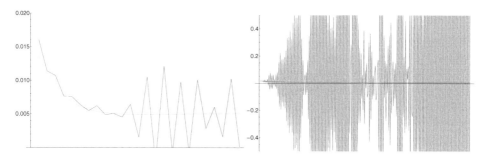

Abb. 56.1. Hull-White-Parameter a für jährliche (links) und monatliche (rechts) Daten (jeweils exakte Lösung und Lösung mit verrauschten Daten).

Obwohl wir mehr Datenpunkte zur Kalibrierung verwenden (dürfen), wird das Resultat schlechter und sogar unbrauchbar. Dies ist ein Phänomen, das typisch für so genannte inkorrekt gestellte Probleme ist, die wir nun kurz näher betrachten.

Korrekt gestellte und inkorrekt gestellte Probleme

Hadamard postulierte 1923, dass ein physikalisch sinnvoll gestelltes Problem (formal $Kf = g$) – ein *korrekt gestelltes Problem* – die folgenden drei Eigenschaften habe:

1. Für jede rechte Seite g existiert eine Lösung.
2. Diese Lösung ist eindeutig.
3. Die Lösung hängt stetig von den Daten ab.

Wenn eine der drei Bedingungen verletzt ist (die kritische davon ist die dritte), dann bezeichnete er das Problem als „inkorrekt gestellt". Integralgleichungen erster Art sind prototypische Beispiele inkorrekt gestellter Probleme: Beliebig kleine Störungen der rechten Seite können zu beliebig großen Änderungen der Lösung führen.

Ein klassischer Weg, um inkorrekt gestellte Probleme mit verrauschter rechter Seite g_δ (und maximaler resultierender Abweichung δ) zu stabilisieren, ist die so genannte *Tikhonov-Regularisierung*. Anstelle von $Kf = g_\delta$ löst man für geeignet gewähltes α_δ

$$f_\delta^\alpha = \arg \min \left(\|Kf - g_\delta\|_2^2 + \alpha_\delta \cdot \mathcal{P}(f) \right), \tag{56.2}$$

wobei $\| \cdot \|_2$ die L_2-Norm bezeichnet und $\mathcal{P}(f)$ ein Strafterm[5] ist (z.B. das Quadrat der L_2-Norm von f oder einer Ableitung von f).

---

[4] 1 Basispunkt = 1 bp = 0.01 %.
[5] Dieser Strafterm kann etwa auch a-priori-Information über die vermutete wahre Funktion f^* beinhalten, indem er etwa den Abstand zu f^* misst.

Im einfachsten Fall, dass $\mathcal{P}(f) = \|f\|_2^2$, konvergieren dann für $\delta \to 0$ und $\delta^2/\alpha_\delta \to 0$ die f_δ^α gegen die Least-Squares-Minimum-Norm-Lösung von $Kf = g$, das ist unter allen Kandidaten mit minimalem Residuum $\|Kf - g\|_2$ diejenige mit minimalem Strafterm.[6]

Im Endlich-Dimensionalen: Schlechte Konditionszahlen

In der Praxis hat man (auch in der Finanz) nur endlich viele Daten (etwa: endlich viele Punkte der Zinsstrukturkurve) zur Verfügung, sodass also im Fall des Curve Fittings nach der Diskretisierung ein lineares Gleichungssystem $Mx = y$ zu lösen ist. Tatsächlich ist die Systemmatrix M aber oft so schlecht konditioniert (wir haben dies ja in Abb. 56.1 gesehen), dass auch hier regularisiert werden muss, weil die rechte Seite eben nicht beliebig genau, sondern vielleicht nur mit 4 bis 6 signifikanten Ziffern Genauigkeit bekannt ist.

Die Konditionszahlen der Systemmatrizen hängen von der Feinheit der Zeitdiskretisierung ab. Ganz typisch ist das Phänomen, dass die Instabilitäten umso ausgeprägter sind, je feiner das Zeitgitter ist. Im Endlichdimensionalen löst man dann beispielsweise statt der schlecht konditionierten Gleichung $Mx = y$ die regularisierte Normalgleichung $(M^T M + \alpha I)x = M^T y$.[7]

Reversion Speed und Volatilität

Bis jetzt haben wir angenommen, dass die Reversion Speed und die Volatilität als Funktionen bekannt oder gegeben seien, und haben dann den Parameter a des Hull-White-Modells aus der Zinskurve kalibriert. Für die Identifikation der beiden anderen Parameterfunktionen benötigt man Marktdaten von Instrumenten, deren Preise noch sensitiver von der Stochastik der Zinsen abhängen. Als liquide Instrumente bieten sich hier Caps und Swaptions an.

Die Praxis zeigt, dass ein Kalibrieren der Reversion Speed und der Hull-White-Volatilität auf der Basis von Swaptions funktioniert, dass Preise von Caps alleine aber nicht ausreichen. Die einzelnen Caplet-Schichten sind so voneinander separiert, dass sie zu wenig Information über die Reversion Speed beinhalten.

Das übliche Vorgehen bei der Identifikation von Modellparametern – hier als abstrakter Parameter $f = (f_1, f_2, \ldots)$ bezeichnet – ist immer, Modellpreise $V_j(f)$ (etwa der Caps und der Swaptions) zu berechnen und im Rahmen der zulässigen Parameter diese möglichst gut an die Marktpreise P_j anzupassen:

$$\min_f \sum_j |V_j(f) - P_j|^2.$$

Die Minimierung erfordert die Möglichkeit, für beliebige zulässige Parameterkombinationen die Funktionsauswertung effizient durchführen und nach Möglichkeit

---

[6] Der Beweis dieser Aussagen benötigt einige tiefgehende Werkzeuge aus der Funktionalanalysis, siehe etwa Engl, Hanke & Neubauer [23]. In diesem Fall ist das Optimierungsproblem (56.2) (im unendlich-dimensionalen Setting) dann äquivalent zur Lösung von $(K^*K + \alpha I)f_\delta^\alpha = K^* g_\delta$ mit dem adjungierten Operator K^* und Identitätsoperator I.

[7] Ein Beispiel für ein besonders schlecht konditioniertes Problem ist die Rückwärts-Wärmeleitungsgleichung; für eine detaillierte Analyse siehe www.finmath-forum.at

auch Gradienten (des Zielfunktionals nach den Parametern) effizient berechnen zu können.

Dass in obigem Fehlerfunktional eine Quadratsumme der Preisabweichungen verwendet wurde, ist recht willkürlich; ebensogut könnten auch Modellpreise umgerechnet werden in korrespondierende Black76-Volatilitäten, die ja meist quotiert werden, und statt Preisabweichungen Abweichungen dieser Volatilitäten zur Optimierung genommen werden. In diesem Fall ist dann zu beachten, dass, wenn die Option (Cap oder Swaption) sehr niedrige oder sehr hohe Strikes hat („tief im Geld" oder „tief aus dem Geld" ist), der Preis kaum auf Änderungen der Black76-Volatilität reagiert und dieser Ansatz daher für Optionen „am Geld" (Strike in der Nähe des Forwardsatzes) geeigneter ist.

Werden Reversion Speed und Volatilität nicht als Konstante, sondern als zeitabhängige (etwa: stückweise konstante) Funktionen identifiziert, so steigt die Gefahr von Oszillationen erheblich. Im Normalfall ist das nun ein nichtlineares Problem, das wieder mit für nichtlineare Aufgaben geeigneten, oft iterativen, Regularisierungmethoden behandelt werden sollte.

■ 57
Kalibrierung im Black-Karasinski-Modell

Die Identifikation der Parameter im Black-Karasinski-Modell beinhaltet in der Theorie nicht viel Neues; in der Praxis ist das Kalibrieren dort aber wesentlich aufwendiger, da keine analytischen Bewertungsformeln für Bond, Caps, Swaptions vorhanden sind, sondern diese Werte und Ableitungen der Werte nach den Modellparametern mit numerischen Verfahren ermittelt werden müssen. Würden diese Ableitungen mit Differenzenquotienten ermittelt, wäre die Funktionsauswertung sehr aufwendig. In der Praxis haben sich sog. *adjungierte Verfahren* sehr bewährt, deren Gradientenauswertung numerisch nur etwa den gleichen Aufwand erfordert wie die Funktionsauswertung selbst.

Marktsituationen, in denen die beobachtbaren kurzfristigen Zinssätze sehr niedrig sind (wie dies öfter schon im Yen der Fall war), stellen beim Kalibrieren des Black-Karasinski-Modells große Herausforderungen dar. Niedrige r-Werte brauchen große Volatilitäten, um signifikante Variabilität zu erzielen. Bei höheren r-Werten ist dies dann schädlich. Für eine brauchbare Qualität der Kalibrierungs-Ergebnisse ist es oft sinnvoll bzw. notwendig, die kurzfristigen Zinssätze künstlich etwas anzuheben.

■ 58
Lokale Volatilität und das Dupire-Modell

Bei dem in Abschnitt 37 behandelten lokalen Volatilitätsmodell ist der Volatiliätsparameter $\sigma(S, t)$ eine zweidimensionale Funktion. Wir können nun den Call auch als Funktion des Ausübungspreises K und des Verfallsdatums T betrachten. Dupire wies nach, dass für einen fixierten Zeitpunkt t_0 und fixierten Aktienkurs S_{t_0} unter der Annahme, dass der risikolose Zinssatz r nur von der Zeit abhängt, der Call-Preis $C(S, K, t, T)$ dann neben (37.3) auch die „duale Gleichung" (für fixe Parameter

$S = S_0$ und $t = 0$ sowie Argumenten $K, T)$[8]

$$-\frac{\partial C}{\partial T} + \frac{\sigma^2(K,T)\,K^2}{2}\frac{\partial^2 C}{\partial K^2} - r\,K\,\frac{\partial C}{\partial K} = 0 \tag{58.3}$$

mit der Anfangswertbedingung $C(K, 0) = (S_0 - K)^+$ erfüllt. Formal folgt daraus

$$\sigma(K,T) = \sqrt{\frac{\frac{\partial C}{\partial T} + rK\frac{\partial C}{\partial K}}{\frac{K^2}{2}\frac{\partial^2 C}{\partial K^2}}}. \tag{58.4}$$

Wäre also der Call-Preis für alle K und T am Markt verfügbar, so könnte man $\sigma(K, T)$ nach (58.4) bestimmen. In der Praxis ist $C(K, T)$ jedoch nur für gewisse Stützstellen (nämlich genau die gehandelten Strike-Expiry-Kombinationen) bekannt. Direkte Interpolation dieser Stützstellen (mit anschließender Berechnung von $\sigma(K, T)$ mit (58.4)) ist nicht ratsam: Differenzieren an sich ist schon ein instabiles Problem. Wenn nun der Ausübungspreis weit vom derzeitigen Aktienpreis entfernt ist, dann ist diese zweite Ableitung nahe bei 0 und durch das Dividieren werden eventuelle Fehler noch stark verstärkt.

In der Praxis liegen als Marktdaten die implizierten (Black-Scholes-)Volatilitäten wie in Abb. 36.2 vor. Das übliche Vorgehen zum Kalibrieren des Dupire-Modells ist nun das folgende:

1. Übersetze die implizierten Marktvolatilitäten in Marktpreise.
2. Wähle einen endlichdimensionalen Ansatz für die unbekannte Dupire-Volatilität $\sigma(S, t)$ (etwa stückweise konstant oder stückweise linear) und wähle eine Startfunktion $\sigma^0(S, t)$; setze $k = 0$.
3. Berechne mit dem aktuellen $\sigma^k(S, t)$ die Dupire-Preise an den Stützstellen und berechne ein Tikhonov-Funktional wie in Abschnitt 56, bestehend aus einem Fehlerfunktional (etwa Summe der Fehlerquadrate) und einem Regularisierungsterm (der etwa Oszillationen in $\sigma^k(S, t)$ bestraft).
4. Ist das Ergebnis zufriedenstellend (der Kalibrierungs-Fehler also klein genug), dann stoppe; ansonsten gehe zu 5.
5. Bestimme anhand eines geeigneten Update-Algorithmus eine neue (bessere) Volatilität $\sigma^{k+1}(S, t)$, erhöhe k um 1 und gehe zu 3.

Numerisch kann das recht aufwendig werden: Jeder Iterationsschritt erfordert das numerische Lösen einer Differentialgleichung zur Berechnung der Optionspreise aus der aktuellen Volatilitätsfunktion und obendrein das Finden einer besseren Volatilität. Effiziente Update-Algorithmen wie etwa das Quasi-Newton-Verfahren benötigen im Allgemeinen den Wert des Gradienten der zu minimierenden Funktion. In diesem Fall muss also die Ableitung des Tikhonov-Funktionals nach der Funktion σ an der Stelle σ^k ausgewertet werden. Für diese Gradientenberechnung haben sich (die schon in Abschnitt 57 erwähnten) adjungierte Verfahren als sehr effizient erwiesen, deren Aufwand für die Berechnung eines Gradienten in der gleichen Größenordnung liegt wie die Auswertung des Funktionals. Insbesondere funktio-

---

[8]Eine Möglichkeit, diese duale Gleichung herzuleiten, ist über die Fokker-Planck-Gleichung, die die zeitliche Entwicklung der Dichtefunktionen der Übergangsverteilung des Aktienkurses (im risikolosen Maß) beschreibt (mit einer Dirac-Delta-Distribution als Anfangsverteilung).

niert das Verfahren auch bei verrauschten Daten für die implizierte Volatilität[9] noch recht gut, wie die Abb. 58.2 und 58.3 demonstrieren[10].

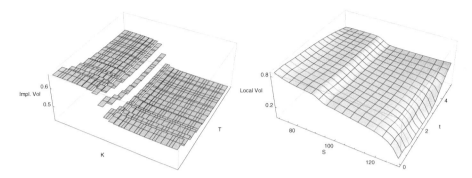

Abb. 58.2. Links: Synthetische Volatilitätsdaten (bzw. Call-Preise, Strikes: 70 bis 130 %, Laufzeiten 1 bis 5 Jahre). Rechts: daraus kalibrierte Volatilitätsfläche $\sigma(S, t)$.

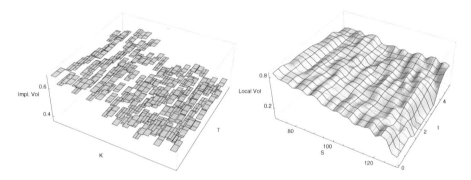

Abb. 58.3. Wie in Abb. 58.2, aber Daten (links) um bis zu 6 Prozentpunkte verrauscht.

■ 59
Kalibrierung im Heston-Modell und im Libor-Marktmodell

Bei der Kalibrierung eines Heston-Modells sind die fünf freien Parameter κ, λ, ρ, θ, v_0 (mit der Anfangsvarianz v_0) zu bestimmen. Für die Berechnung des Residuums muss der Fehler zwischen Heston-Preisen von Optionen und den zugehörigen Marktpreisen berechnet werden. Auch wenn hier nur fünf Parameter vorliegen und dies daher ein einfaches Problem zu sein scheint, ist dies nicht der Fall: Das Zielfunktional (z.B. Summe der absoluten oder relativen Fehlerquadrate) zeigt im Normalfall extrem viele lokale Minima, sodass Techniken der lokalen Optimierung mit solchen der globalen Optimierung (etwa: Simulated Annealing) kombiniert werden sollten. Alternativ ist es oft zielführend, viele ($>$ 100) verschiedene Startwerte für lokale

---

[9]Wegen des Bid-Ask Spreads der Preise sind Daten in der Praxis immer verrauscht.

[10]Für Details zu den verwendeten (synthetischen) Daten sowie zum verwendeten Algorithmus siehe www.finmath-forum.at

Optimierungsverfahren zu verwenden und den besten Minimalwert zu verwenden. Diese Startwerte können etwa Punktmengen mit niedriger Diskrepanz sein (vgl. Abschnitt 53).

Die Kalibrierung der Modellparameter des Libor-Marktmodells führt auf ähnliche Schwierigkeiten, nämlich dass es wieder sehr viele lokale Extrema gibt. Auch hier sind Optimierungsverfahren mit der Möglichkeit, automatisch viele Restarts durchzuführen, zielführend.

■ 60
Literaturhinweise und Übungsaufgaben

Regularisierungsverfahren für inverse Probleme und ihre Konvergenzeigenschaften werden auf einer funktionalanalytischen Basis in Engl, Hanke & Neubauer [23] behandelt. Neuere, insbesondere iterative, Verfahren für nichtlineare inverse Probleme finden sich in Kaltenbacher, Neubauer & Scherzer [37]. Egger & Engl führen in [20] eine Konvergenzanalyse für die Identifikation lokaler Volatilität durch. In [24] findet sich ein leicht lesbarer Artikel über inverse Probleme in der Finanzmathematik.

Übungsaufgaben

XII.1. *Nehmen Sie für den Zinsstrukturkurven-Fit des Hull-White-Modells an, dass die Reversion Speed und die Volatilität gegeben und der Einfachheit halber beide konstant sind. Lösen Sie dann die Integralgleichung nach a(·) durch geeignetes Differenzieren.*

Aufgaben mit Mathematica und UnRisk
XII.2. *Was macht dieses Stück Mathematica Code?*

```
RandomNormal[a_,b_]:=Random[NormalDistribution[a,b]];
NodesPerYear=10;

BondValues= Table[{i/NodesPerYear,
        Exp[-(0.05+RandomNormal[0,0.0001])*i/NodesPerYear]},
        {i,0,10*NodesPerYear}];

ListPlot[BondValues,PlotJoined\[Rule]True]

f[t1_]:=-Log[Interpolation[BondValues][t1]]
Plot[Derivative[1][f][x],{x,0,10}]
```

Was passiert, wenn Sie NodesPerYear *auf 2 setzen? Auf 100?*

XII.3. *Verwenden Sie das UnRisk-Kommando* CalibrateLocalEquityVolatility, *um einige Volatilitätsflächen zu kalibrieren.*

XIII Fallstudien: Exotische Derivate

In der Praxis gibt es eine Vielzahl komplexer Finanzprodukte. In diesem Kapitel wollen wir dies anhand einiger konkreter strukturierter Finanzinstrumente illustrieren und Möglichkeiten zu ihrer Bewertung aufzeigen. Die Übungsaufgaben am Ende des Kapitels gehen dann jeweils detaillierter auf die vorgestellten Derivate ein.

■ 61
Barrier Optionen und Reverse Convertibles

Wandelanleihen (engl. *Convertible Bonds*) sind Anleihen mit relativ niedrigem Kupon, die dem Investor die Möglichkeit einräumen, am Ende der Laufzeit die Nominale gegen eine fixierte Zahl von Aktien zu tauschen, also eine Call-Option auf das Underlying.[1] Bei *Reverse Convertibles* ist die Situation umgekehrt: Diese bezahlen einen relativ hohen Kupon, dafür liegt die Entscheidung, ob in Cash oder in Aktien getilgt wird, bei der Emittentin; der Investor nimmt also eine Stillhalterposition in einer Put-Option ein. Bei Knock-In-Derivaten, wovon wir im nächsten Beispiel eines studieren, muss zuerst ein (objektiv überprüfbares) Ereignis eintreten, bevor das Recht der Option in Kraft tritt.

Knock-In-Reverse Convertible. Im März 2005 begab ABN AMRO das folgende Instrument mit Underlying Apple Computers:
Laufzeit: 16. März 2005 – 16. März 2006.
Stückelung: 1000 USD
Aktienkurs von Apple am 11. März. 2005 (Schlusskurs): 40.27 USD
Knock-In-Level: 28.19 USD (=70 % von 40.27)
Kupon: 11.25 % p.a, zahlbar halbjährlich

Beispiel

Der Investor erhält auf jeden Fall am 16. September 2005 und am 16. März 2006 den Kupon von jeweils 5.625 % von 1000 USD. Fällt Apple während der gesamten Laufzeit nie unter den Knock-In-Level, so wird der Reverse Convertible am

---

[1] Um das Jahr 2000 gab es speziell im Telekom-Sektor (etwa France Telecom) ein sehr hohes Volumen an Wandelanleihen. Manchmal wird zwischen Wandelanleihen und Umtauschanleihen unterschieden: Wandelanleihen werden vom betreffenden Unternehmen selbst begeben, Umtauschanleihen von Dritten, die Unternehmensanteile verkaufen wollen, etwa im Zuge von Privatisierungsvorhaben der öffentlichen Hand.

16. März 2006 zu 100 % = 1000 USD getilgt. Sollte Apple während der Laufzeit mindestens einmal unter dem Knock-In-Level gehandelt werden, so tritt für ABN AMRO das Recht in Kraft, am Ende der Laufzeit entweder zu 1000 USD zu tilgen oder in Form von 24.832 Apple-Aktien. Die Emittentin wird dieses Recht dann in Anspruch nehmen, falls (bei intakter Option) Apple unter 1000/24.832 = 40.27 USD liegt.

Das Instrument kann (aus Sicht des Investors) in zwei einfachere Teilkomponenten zerlegt werden: einerseits in einen Bond mit 11.25 % Kupon und andererseits in die Verpflichtung (nicht das Recht), 24.832 Apple-Aktien am 16. März 2006 zu einem Preis von 1000 USD zu kaufen, falls die Barrier bei 28.19 USD getroffen wurde und der Schlusskurs von Apple unter 40.27 USD liegt. Das heißt also, dass der Payoff P am 16. März 2006 ohne Berücksichtigung der sicheren Kuponzahlungen gegeben ist via

$$P = 1000 - 24.832(40.27 - S_T)^+ \, 1_{\{\min_{t_0 < t \leq T} S_t \leq 28.19\}}, \tag{61.1}$$

wobei t_0 den Intialisierungstag (also den 16. März 2005), T den Verfallstag (also den 16. März 2006) und S_t den Aktienpreis von Apple bezeichnet ($1_{\{\}}$ ist hier wieder die Indikatorfunktion).

Ex-Post-Betrachtung: Die Barrier wurde während der Laufzeit nie getroffen[2], sodass der Kupon von 11.25 % erzielt wurde. Noch besser wäre ein direktes Investment in Apple gewesen, da innerhalb dieses Jahres ein Kursanstieg von 60 % erzielt wurde[3].

Knock-Out-Optionen und Knock-In-Optionen

Für den Payoff in (61.1) können wir nun sehen, dass nur der Term $24.832(40.27 - S_T)^+ 1_{\{\min_{t_0 < t \leq T} S_t \leq 28.19\}}$ zufällig ist, also vom Verlauf des Apple-Aktienpreises abhängt. Eine Option mit derartigem Payoff wird Knock-In-Put bezeichnet, da die Option erst durch einen tiefen Wert des Aktienpreises aktiviert wird. Angenommen der Kontrakt sähe vor, dass die Option zu Beginn der Laufzeit am Leben wäre und ein Verfall (Knock-Out) passieren würde, wenn die Aktie den Level 28.19 erreichen würde, also die Option den Payoff $24.832(40.27 - S_T)^+ 1_{\{\min_{t_0 < t \leq T} S_t > 28.19\}}$ haben würde. Dann gilt offensichtlich: Genau eine der beiden Optionen (Knock-In oder Knock-Out) ist am Leben. Die Summe der Werte der beiden Optionen muss also genau dem Wert der Vanilla-Option entsprechen (solange die Barrier-Optionen nur europäisch ausgeübt werden können). Knock-Out-Optionen sind analytisch etwas einfacher zu behandeln und können im Black-Scholes-Modell mittels der Verteilung der *ersten Passierzeit* (engl. *first-passage-time*) der Brownschen Bewegung bewertet werden.

Satz

> **Erste Passierzeit der Brownschen Bewegung.** Sei $X_t = X_0 + \mu t + \sigma W_t$, wobei $X_0 \geq 0$, $\mu \in \mathbb{R}$, $\sigma > 0$ und W_t eine Brownsche Bewegung ist. Dann ist die erste Passierzeit τ_h für $h < 0$ definiert als $\tau_h = \inf\{t > 0 : X_t = h\}$ und deren Verteilung

---

[2]Wahrscheinlich nicht zuletzt wegen der guten Erfolge des iPod
[3]„Prognosen sind schwierig, besonders wenn sie die Zukunft betreffen." (Mark Twain zugeschrieben)

gegeben durch

$$\mathbb{P}[\tau_h \leq t] = \Phi\left(\frac{-X_0 - \mu t}{\sigma\sqrt{t}}\right) + e^{-2X_0\mu/\sigma^2}\,\Phi\left(\frac{-X_0 + \mu t}{\sigma\sqrt{t}}\right) \qquad (61.2)$$

Wir werden hier den Spezialfall mit $X_0 = 0$, $\mu = 0$ und $\sigma = 1$ des obigen Satzes beweisen, der auch als *Reflexionsprinzip* bekannt ist[4].

Reflexionsprinzip. Wir betrachten eine Brownsche Bewegung W_t und fragen uns, wie wahrscheinlich es ist, dass sie bis zum Zeitpunkt T immer über einem vorgegebenen Wert $h < 0$ bleibt. Dazu definieren wir $\tau_h = \inf\{t > 0 : W_t = h\}$ und den an h „reflektierten" Prozess

Beispiel

$$\tilde{W}_t = \begin{cases} W_t & \text{für } t < \tau_h, \\ h - (W_t - h) & \text{für } t \geq \tau_h. \end{cases}$$

Es gilt nun, dass $W_t - W_{\tau_h}$ unabhängig von W_{τ_h} und normalverteilt mit Mittelwert 0 ist[5] und somit folgt

$$\mathbb{P}[\tau_h \leq t, \tilde{W}_t < x] = \mathbb{P}[\tau_h \leq t, W_t < x]$$

und weiters

$$\mathbb{P}[\tau_h \leq t, W_t > h] = \mathbb{P}[\tau_h \leq t, W_t < h].$$

Da im Falle $W_t < h$ notwendigerweise h bereits unterschritten wurde und somit $\mathbb{P}[\tau_h \leq T, W_T < h] = \mathbb{P}[W_T < h]$, folgt für die Wahrscheinlichkeit, dass die Barrier bei h durch einen Standard-Wiener-Prozess im Intervall $[0, T]$ getroffen wird:

$$\mathbb{P}[\min_{[0,T]} W_t \leq h] = \mathbb{P}[\tau_h \leq T] = \mathbb{P}[\tau_h \leq T, W_T > h] + \mathbb{P}[\tau_h \leq T, W_T < h]$$

$$= 2\,\mathbb{P}[\tau_h \leq T, W_T < h] = 2\,\mathbb{P}[W_T < h] = 2\,\Phi(-h/\sqrt{T}),$$

was genau (61.2) für $\mu = 0$ und $\sigma = 1$ entspricht.

Die Kenntnis der Verteilung der ersten Passierzeit kann genutzt werden, um Barrier-Optionen oder ähnliche Produkte zu bepreisen und wir werden an späterer Stelle auf dieses Resultat zurückkommen. Übungsaufgabe XIII.1 sowie XIII.3–XIII.5 behandeln einige weitere Fragestellungen zu Barrier-Optionen.

---

[4]Der Beweis dieses Satzes für allgemeines μ und σ basiert auf Argumenten der stochastischen Analysis, die im Rahmen dieses Buches nicht behandelt werden können, für Details siehe z.B. Karatzas & Shreve [38].

[5]Diese intuitiv einleuchtende Eigenschaft ist eine Konsequenz der sog. *starken Markov-Eigenschaft* der Brownschen Bewegung und kann in der Theorie der stochastischen Prozesse rigoros bewiesen werden.

■ 62

Bermudan Bonds – Soll ich wirklich kündigen?

Wir haben in Abschnitt 41 den Instrumenttyp der Swaption kennengelernt, der im europäischen Fall zu einem fixen Zeitpunkt das Recht gibt, Payer oder Receiver in einem Swap zu werden. Am Verfallstag der Option ist die Entscheidung, ob sie ausgeübt wird, eine leichte: Wenn das Marktniveau für fixe Zinsen (der Swap-Laufzeit) dann höher ist als die vereinbarte fixe Rate der Swaption, wird man ausüben, andernfalls nicht. Häufig gibt es aber Anleihen, die eine Kündigung an mehr als einem Tag erlauben.[6] Dazu das folgende Beispiel, dessen Entscheidungsstrategie wir anhand eines Ein-Faktor Short-Rate-Modells analysieren:

Beispiel   **Bermudan Callable Fixed Rate Bond.**   Laufzeit: 15. Juli 2008 bis 15. Juli 2023, Kupon: jährlich 5.5 %
Nominale: 100
Die Emittentin hat nach 5 Jahren (also ab 2013) jährlich an den Kupontagen das Recht, die Anleihe vorzeitig zu tilgen.

Angenommen, die Anleihe ist bis zum Jahr 2022 nicht gekündigt worden. Die Emittentin entscheidet also am Kupontag 2022, ob es vorteilhafter ist, zu tilgen (und sofort die Nominale 100 für die Tilgung zu bezahlen) oder ein Jahr später 105.5 (nämlich Tilgung + Kupon) zu bezahlen. Diese Entscheidung hängt rein vom Niveau der Short Rate 2022 (und dem sich daraus ergebenden Einjahreszinssatz am Kupontag 2022) ab. Wird in einem Punkt $(r, 2022)$ ausgeübt, so ist der Wert für den Investor $V(r, 2022) = 5.5 + V_{call}(r, 2022) = 105.5$; wird nicht ausgeübt, so ist der Wert $V(r, 2022) = 5.5 + V_{keep}(r, 2022)$ mit dem Behaltewert V_{keep}, der im Jahr 2023 tilgt. Allgemeiner gilt zu jedem Zeitpunkt t_B, an dem (der Bermudan) gekündigt werden darf:

$$V(r, t_B) = \text{Kupon} + \min\left(V_{call}(r, t_B), V_{keep}(r, t_B)\right).$$

Zwischen zwei Kündigungsterminen t_{B_i} und $t_{B_{i+1}}$ erfüllt V_{keep} die jeweilige Differentialgleichung des gewählten Zinsmodells mit der Endbedingung (in dem betrachteten Intervall)

$$V_{keep}(r, t_{B_{i+1}}) = V(r, t_{B_{i+1}})$$

und wir können dieses Produkt wieder schichtweise vom Endzeitpunkt bis zurück zum heutigen Zeitpunkt bepreisen. In den Übungsaufgaben XIII.2 und XIII.6 kommen wir auf diese Anleihe zurück.

---

[6]Beispielsweise hat ein Kreditnehmer, der das Recht hat, seinen Kredit vorzeitig (an gewissen Stichtagen) zu tilgen, ein solches Bermudan Kündigungsrecht.

■ 63
Bermudan Callable Snowball Floaters

In Zeiten eines niedrigen Zinsniveaus werden gerne so genannte *Snowball-Instrumente* emittiert[7]. Wir führen die Analyse anhand eines konkreten Beispiels durch:

Snowball Floater. Laufzeit: 10 Jahre, Kupon: halbjährlich (also 20 Kupons)   *Beispiel*
Nominale: 100
Kupon1 = Kupon2 = 5.5 % per annum
$\text{Kupon}(i + 1) = \max\left(0\,\%,\ \text{Kupon}(i) + \text{Step}(i) - \text{Libor6M}(t_i)\right)$ für $i = 2, ..., 19$.
$\text{Step}(i) = 3\,\% + i \cdot 0.1\,\%$.

Der Referenzzinsatz (hier: Libor6M) wird entweder am Beginn der jeweiligen Kuponperiode oder (häufiger) erst am Ende (in arrears) gesetzt. Zu Zeitpunkten, an denen der Referenzzinssatz niedrig ist (um 2004/2005 war das der Fall), sieht solch ein Snowball-Floater vorhand für den Käufer sehr attraktiv aus.

Schon im Fall eines nicht kündbaren Snowball Floaters ist durch die geschachtelte Floor-Bildung (Mindestkupon jeweils 0 %) ein statisches Replizieren der Kupons durch fixe und Libor-gebundene Kupons nicht möglich. Solche Snowball-Floater sind zusätzlich noch so gut wie immer mit Kündigungsrechten auf der Seite der Emittentin ausgestattet, was die Analyse erschwert.

Die Emittentin wird ein Kündigungsrecht dann ausüben, wenn der faire Behaltewert des Snowball Floaters für den Investor (unter Berücksichtigung auch zukünftiger Kündigungsmöglichkeiten) höher ist als der Kündigungspreis. Bei pfadabhängigen Kupons, wie dies hier der Fall ist, hängt die optimale Strategie nicht nur vom aktuellen Zinsniveau an den Kündigungszeitpunkten, sondern auch von der Höhe des letzten schon gesetzten Kupons ab. Übungsaufgaben XIII.7 bis XIII.10 analysieren dieses Produkt etwas näher.

■ 64
Beispiele weiterer exotischer Zinsinstrumente

In den vorigen beiden Abschnitten haben wir einige Herausforderungen bei der Bewertung von komplexeren Derivaten gesehen. In der Praxis gibt es eine Vielzahl noch komplizierterer Instrumente. In der Folge wollen wir beispielhaft noch drei weitere Produkte etwas genauer betrachten, deren Bewertung in UnRisk implementiert ist.

Steepener Instrumente

Während beim Snowball Floater des letzten Abschnitts die Emittentin darauf setzt, dass das Libor-Zinsniveau steigt und daher die Kupons fallen, geht es bei so genannten *Steepener Instrumenten* (oder *CMS-Spread-Instrumenten*) um die Differenz von

---

[7]Die Bezeichnung „Snowball" rührt von der Vorstellung einer Schneekugel (wie beim Bauen eines Schneemanns) her, die die gesamte schon angehäufte Schneemenge mitzieht.

Zinssätzen unterschiedlicher Laufzeit, die aber zum gleichen Zeitpunkt beobachtet werden. Typische solcher CMS-Spreads beziehen sich auf die Differenz aus dem 10jährigen und dem 2jährigen Swapsatz (CMS10Y − CMS2Y) [8]. Wenn diese Differenz groß ist, (weil die Zinsen am kurzen Laufzeitende niedrig sind), dann wird die Zinskurve als „steil" bezeichnet.

Lehman Brothers begaben im März 2005 das folgende Instrument:

<table>
<tr><td>Beispiel</td><td>

Steepener.   Laufzeit: 15 Jahre, Stückelung: 1000 USD
Kupon: vierteljährlich, im ersten Jahr: 15 % p.a.
Danach: max(0, 20 × (CMS30Y − CMS10Y)), wobei CMS30Y und CMS10Y der dann jeweils aktuelle 30- bzw. 10jährige USD-Swapsatz sind.

</td></tr>
</table>

Wieder sind solche Instrumente fast immer mit emittentinseitigen Kündigungsrechten ausgestattet. Da die Drehung der Zinskurve hier eine wesentliche Rolle spielt, sind Ein-Faktor-Modelle zur Bewertung von Steepener-Instrumenten ungeeignet. Üblicherweise werden derartige Instrumente mit Libor-Marktmodellen bewertet (siehe Übungsaufgaben XIII.11 und XIII.12).

Range Accruals

Bei so genannten *Range Accrual Notes* wird täglich beobachtet, ob ein Referenzzinssatz (Libor oder CMS) innerhalb eines gewissen Korridors liegt, zum Beispiel, ob der Euribor6M zwischen 3.2 und 3.8 % liegt. Sind innerhalb der Kuponperiode n Feststellungen von insgesamt N Geschäftstagen innerhalb des Korridors, so wird am Ende der Kuponperiode $(n/N) \times C$ bezahlt. Die Rate C kann dabei entweder fix sein (und dann eben höher als der sonst übliche Fixzins) oder eine Referenzrate plus einen Aufschlag (etwa: Libor6M + 80 Basispunkte).

Range Accruals gibt es auch für längere Laufzeiten als eine Kuponperiode. Üblich ist dann, dass die Korridore für spätere Kupons breiter werden. Range Accruals können auch mit Kündigungsrechten ausgestattet sein. Es gibt weiters Varianten, bei denen das Underlying nicht ein Referenzzinssatz, sondern beispielsweise ein Wechselkurs ist.

Target Redemption Notes

Target Redemption Notes (TARNs) sind Beispiele so genannter *Auto-Callables*. Zu Beginn ihrer Laufzeit haben diese TARNs einen oder (öfter noch) mehrere attraktiv erscheinende Kupons. Nach Ablauf dieser Fixzinsperiode werden Kupons an einen Referenzzinssatz angepasst. Sobald die Summe der Kupons einen vorgegebenen *Target Level* erreicht, wird automatisch die Laufzeit beendet und getilgt. Der Investor setzt darauf, dass dies früh passiert, die Emittentin auf das Gegenteil.

---

[8]CMS steht für *constant maturity swap*; konkret ist CMS10Y der bei ISDAFIX quotierte Swapsatz für die Laufzeit 10 Jahre. *Constant maturity* bezieht sich dabei darauf, dass an jedem Setztag die Restlaufzeit der fiktiven Anleihe konstant (in diesem Fall 10 Jahre) ist.

TARN. Target Level: 40 %
Kupons: 9 Jahre lang 4 %, danach 5 × (CMS10Y − CMS2Y).
Getilgt wird, sobald 40 % erreicht sind.

Beispiel

Eine solche Konstruktion wird oft dann gewählt, wenn steuerliche Gründe (Lebensversicherung, Wohnbauförderung) eine gewisse Mindestlaufzeit von (im konkreten Beispiel) 10 Jahren vorschreiben.

■ 65
Modellrisiko von Zinsmodellen

Im Kapitel IX haben wir die Modelle nach Hull-White, Black-Karasinski und eine einfache Version des Libor-Marktmodells behandelt. Welches ist nun die beste Wahl?

Callable Reverse Floater 2001-2021. Laufzeit 2001-2021, Stückelung: 100 EUR.
Kupon: jährlich 16.5 % − 2 CMS5Y (fixed in arrears), Floor bei 0.
Callable: jährlich zu 100 EUR ab 2011.

Beispiel

Wenn man die Modelle Ein-Faktor-Hull-White, Black-Karasinski und LMM mit monatlichen Marktdaten (Zinskurven, Caps, Swaptions) zwischen 2002 und 2007 kalibriert und dann die Bewertung unter diesen Modellen durchführt, ergibt sich folgendes Bild:

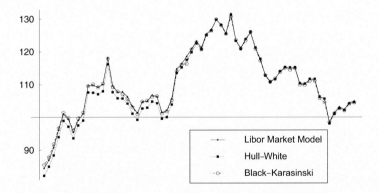

Abb. 59.1. Bewertung eines Callable Reverse Floater unter verschiedenen Modellen (monatlich von 2002 bis 2007 bewertet).

Da den einzelnen Modellen unterschiedliche Verteilungsannahmen zugrunde liegen, ergeben sich für Instrumente, deren Preis von der Stochastik der Zinsbewegung abhängt, zwangsläufig unterschiedliche Preise. Die Abweichungen von in diesem Fall bis zu 3 % zwischen den einzelnen Modellpreisen (die auf den ersten Blick vielleicht hoch erscheint), sind bei Berücksichtigung der langen Laufzeit und der Hebelung des CMS insgesamt jedoch als moderat zu bezeichnen.

■ 66
Equity Basket Instrumente

Damit bezeichnet man strukturierte oder derivative Instrumente, deren Wert von der zeitlichen Entwicklung eines Korbes von Aktien (möglicherweise in verschiedenen Währungen notierend) abhängt. Wir geben drei Beispiele an:

Beispiel

Knock-in Reverse Convertible auf einen Basket. Ähnlich wie bei dem Apple-Beispiel wird in dem Fall, dass der Knock-In nicht ausgelöst wird, ein hoher Kupon bezahlt. Der Unterschied hier ist, dass nicht ein Underlying, sondern jedes der Underlyings die Knock-In-Bedingungen auslösen kann und dass die Tilgung (falls nicht in Cash getilgt wird), nicht notwendigerweise in der auslösenden Aktie erfolgen muss. Modellieren wir die Einzelaktien des Baskets nun jeweils als Black-Scholes-Bewegungen, so haben wir

$$dS_i = \mu_i S_i dt + \sigma_i S dW_i, \quad i = 1, ..., N,$$

für ihre Dynamik. Dabei wollen wir annehmen, dass die Aktien (bzw. genauer die zugrunde liegenden Brownschen Bewegungen W_i) untereinander korreliert sind, und zwar $\mathrm{Cov}(dW_i, dW_j) = \rho_{ij} dt$ mit Korrelationskoeffizient ρ_{ij} (und $\rho_{ii} = 1$). Für die Herleitung von (europäischen) Optionspreisen im risikolosen Maß, deren Payoffs von mehreren Aktien abhängen, benötigt man (wie in Kapitel VIII) eine mehr-dimensionale Variante des Itô-Lemmas. Mit N Underlyings in einer Währung (und risikolosem Zinssatz r) ergibt sich dann, ganz analog zum eindimensionalen Fall, die N-dimensionale Black-Scholes-Differentialgleichung

$$\frac{\partial V}{\partial t} + \frac{1}{2} \sum_{i=1}^{N} \sum_{j=1}^{N} \sigma_i \sigma_j \rho_{ij} S_i S_j \frac{\partial^2 V}{\partial S_i \partial S_j} + \sum_{i=1}^{N} r S_i \frac{\partial V}{\partial S_i} - rV = 0,$$

die jetzt je nach konkretem Produkt noch mit End- und Randbedingungen zu versehen ist.

Beispiel

Altiplano-Anleihen. Wenn alle Aktien des Korbes über einem vorgeschriebenen Wert (beispielsweise 70 %) liegen, wird ein hoher Kupon bezahlt, sonst keiner. Es gibt Altiplanos, die ausgefallene Kupons zu einem Zeitpunkt wieder nachholen, wenn wieder alle Aktien oberhalb der Schranke liegen. Auch gibt es Varianten, bei denen Aktien, die besonders schlecht performen (beispielsweise unter 50 %) ausgeschieden werden und nicht mehr in der Beobachtung berücksichtigt werden.

Beispiel

Swing-Anleihen. In einem Basket wird die minimale relative Veränderung der Aktien gegenüber der Vorperiode festgestellt und als Kupon bezahlt. Bei (der Größe nach geordneten) Kursveränderungen von ..., -5 %, -2.2 %, 1.7 %, 6 %, ... würde also ein Kupon von 1.7 % bezahlt werden. Hier gibt es Varianten, die zumindest den Kupon der Vorperiode aufrecht erhalten („Lock-In").

■ 67
Literaturhinweise und Übungsaufgaben

Die konkreten Beispiele aus diesem Kapitel waren reale Wertpapiere, die am Markt gehandelt wurden bzw. werden. Welcher Typ von Wertpapieren gerade *en vogue* ist, hängt von den jeweiligen Marktumständen und regulatorischen Vorschriften ab und ist damit einem kontinuierlichen Wandel unterworfen. In der UnRisk Dokumentation finden sich diejenigen Instrumente, die in der aktuellen Version jeweils behandelbar sind, sowie Beschreibungen der jeweils verwendeten Methoden. Für stochastische Grundlagen zur Bewertung von exotischen Optionen verweisen wir weiters auf Dana & Jeanblanc [14].

Übungsaufgaben

XIII.1. *Warum stimmt die Gleichheit „Knock-In + Knock-Out = Vanilla" für amerikanische Barrier-Optionen nicht mehr?*

XIII.2. *Rekapitulieren Sie den Begriff der Macaulay-Duration aus Abschnitt 5. Wie lässt sich das auf den Callable Bond übertragen? Wie ändert sich der Wert des Callable Bond, wenn die flache Zinskurve des letzten Beispiels verschoben wird? Welche Auswirkungen hat ein Verbieten oder Erlauben von Kündigungsterminen?*

Aufgaben mit Mathematica und UnRisk

XIII.3. *Nehmen Sie einen risikolosen Zinssatz von 3 % an. Unter welcher (konstanten) Volatilität hat der Apple Knock-In-Reverse Convertible im Black-Scholes-Modell einen fairen Preis von 1000 USD? Konstruieren Sie zur Beantwortung dieser Frage in UnRisk mit* `Make` *die Bewertung der zugrunde liegenden Equity Barrier Option und werten Sie diese mit dem Befehl* `Evaluate` *für verschiedene Volatilitäten aus.*

XIII.4. *Plotten Sie den Wert der Down-and-In-Put Option als Funktion des Aktienpreises (zwischen 20 und 50 USD für einen Bewertungszeitpunkt) mit der in Übungsaufgabe XIII.1 ermittelten Volatilität. Was passiert, wenn dieser Zeitpunkt sich dem*

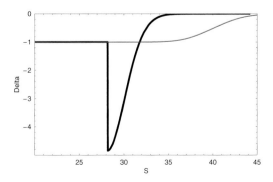

Abb. 67.2. Delta der Down-and-In-Put Option (schwarz, fettgedruckt) und Delta der Vanilla-Put-Option (blau, mit gleichem Strike), die entsteht, wenn die Barriere bereits einmal unterschritten wurde; 2 Wochen vor dem Verfall ($r = 0.03$, $\sigma = 0.35$).

Ablaufdatum nähert? Wie sieht das Delta der Option aus? Reproduzieren Sie Abb. 67.2. Was bedeutet das für Hedgingstrategien?

XIII.5. *Schreiben Sie eine Monte Carlo-Simulation für eine Barrier-Option unter einem Heston-Modell (mit diskreter (täglicher) Barrier-Beobachtung). Konstruieren Sie einen Fall, dass für eine Vanilla Call-Option ein Heston-Preis und ein Black-Scholes-Preis gleich sind, die Preise einer Up-and-Out Call Option sich aber erheblich unterscheiden.*

XIII.6. *Konstruieren Sie in UnRisk den Callable Bond des Abschnitts 62. Verwenden Sie dazu die Befehle* `MakeFixedRateBond`, `MakeCallPutSchedule`, *sowie* `MakeCPFixedRateBond`. *Überprüfen Sie mit* `Properties` *die Korrektheit der Eingabe. Konstruieren Sie ein Ein-Faktor-Hull-White-Modell aus plausiblen Werten einer flachen Zinskurve, konstanter Reversion Speed und konstanter Volatilität. Bewerten Sie den Callable Bond.*

XIII.7. *Konstruieren Sie in UnRisk den Snowball Floater des Abschnitts 63 (mit in arrear-Setzung des Libor), einmal ohne Kündigungsrechte, einmal mit Kündigungsrechten an jedem (ab dem dritten) Kupontag. Angenommen, der Libor wäre zu jedem Setztag 2.5, 3.5 oder 4.5 %. Welche Kuponhöhen ergäben sich dann für den nichtkündbaren Snowball?*

XIII.8. *Nehmen Sie eine flache (Zero yield) Zinskurve von 3.5 % mit continuous compounding an, und konstruieren Sie ein Hull-White-Modell mit einer Reversion Speed von 0.1 (pro Jahr) und einer jährlichen Hull-White-Volatilität von 1 %. Welchen Wert hat der nichtkündbare Snowball? Welchen der kündbare? Wie ändert sich der Wert des (kündbaren/nicht kündbaren) Snowballs, wenn sich die Zinskurve um +/- 50 bzw. 100 Basispunkte verschiebt? Wie lässt sich das als Duration interpretieren?*

XIII.9. *Erhöhen Sie in Übungsaufgabe XIII.8 die Reversion Speed auf 1 bzw. auf 10. Wie ändern sich die (kündbaren/nicht kündbaren) Snowballwerte? Warum?*

XIII.10. *Bestimmen Sie eine konstante Hull-White-Volatität σ_1 so, dass der nicht kündbare Snowball unter diesem σ_1 und einer Reversion Speed von 1 den gleichen Wert hat wie der nicht kündbare Snowball aus Übungsaufgabe XIII.7. Wie vergleichen sich die kündbaren Werte?*

XIII.11. *Wenn der Steepener auf S. 127 nicht kündbar ist, wie stark wirkt sich dann eine gleichmäßige Erhöhung des CMS Spreads um 25 Basispunkte aus?*

XIII.12. *(Für Fleißige.) UnRisk bietet auch die Bewertung unter einem Libor-Marktmodell. Versuchen Sie, die benötigten Marktdaten (Zinskurve, at the money cap volatilities, swaption volatilities) zu besorgen, ein LMM zu kalibrieren und den Steepener zu bewerten. Unterschied: Kündbar – nicht kündbar?*

XIII.13. *Schreiben Sie eine Monte Carlo Simulation (siehe Kapitel XI) für die Pfade von N Aktienkursen, die wir hier als unkorreliert annehmen und die alle die gleiche Volatilität σ haben. Wie beeinflusst die Anzahl der Aktien, die Volatilität und die Länge der Kuponperiode den Wert eines 5jährigen Lock-In-Swings?*

XIV Portfolio-Optimierung

In der Optionspreis-Theorie ging es um die Bestimmung eines Portfolios, das den Payoff der Option repliziert und somit das mit dem Besitz des Derivats verbundene Risiko eliminiert. Es gibt jedoch viele Marktteilnehmer, deren Ziel nicht das Hedgen ist, sondern die durch den Kauf und Verkauf von am Markt zur Verfügung stehenden Wertpapieren einen höheren Ertrag erzielen wollen als durch Anlegen des Kapitals in eine risikolose Anleihe zu erhalten wäre. Dies ist dann natürlich mit dem Risiko eines möglichen Verlustes verbunden. Die „Optimalität" einer Anlagestrategie hängt somit von der definierten Zielfunktion und den gegebenen Nebenbedingungen bezüglich Ertrag und Risiko ab. In den folgenden Abschnitten werden wir zunächst einfache klassische Ansätze zur Mittelwert-Varianz-Optimierung in einperiodischen Modellen und schließlich auch ein (ebenfalls klassisches) Portfolio-Optimierungs-Problem in einem zeitstetigen Modell betrachten.

■ 68
Mittelwert-Varianz-Optimierung

Nehmen wir an, dass auf einem Markt n investierbare risikobehaftete Finanzgüter (etwa Aktien, Anleihen oder auch Immobilien) $A_1, A_2, \ldots, A_n$ zu Preisen $p_1, p_2, \ldots, p_n$ gehandelt werden und ein Investor auf diesem Markt x EUR investieren will. Es gebe keine Transaktionskosten. Die klassische Portfolio-Theorie von Markowitz[1] geht davon aus, dass der Investor ein *statisches* Portfolio hält, es also über eine Periode (beispielsweise ein Monat, oder ein Jahr) unverändert lässt und am Ende dieser Periode mit möglichst wenig Risiko eine möglichst hohe Rendite erzielen will. Seien $P_1, P_2, \ldots, P_n$ die zufälligen Werte der Finanzgüter nach Ablauf der Investitionsperiode. Die (zufällige) Rendite (der Return) R_i von A_i ist dann definiert durch

$$P_i = (1 + R_i)p_i \qquad \text{bzw.} \qquad R_i = \frac{P_i - p_i}{p_i}. \tag{68.1}$$

Im einperiodischen Binomialmodell aus Kapitel V kann diese zum Beispiel nur zwei Werte annehmen (a und b). Im Allgemeinen folgt R_i einer beliebigen Verteilung. Im Markowitz-Modell wird allerdings nicht die Verteilung der R_is spezifiziert, sondern

---

[1] Harry Markowitz (geb. 1927) erhielt für seine Arbeit gemeinsam mit Merton H. Miller (1923–2000) und William Sharpe (geb. 1934) im Jahre 1990 den Nobelpreis für Wirtschaftswissenschaften.

nur die Kenntnis von Erwartungswert und Varianz der Rendite jedes verfügbaren Finanzguts sowie deren gegenseitiger Kovarianzen vorausgesetzt[2].

Sei also $\vec{\mu} = (\mu_1, \ldots, \mu_n)^T$ (mit $\mu_i := \mathbb{E}[R_i]$) der Vektor der Erwartungswerte und $\mathbf{V} = (V_{ij})_{1 \leq i \leq n, 1 \leq j \leq n}$ die Kovarianzmatrix, d.h. $V_{ij} = \mathrm{Cov}[R_i, R_j] = \mathbb{E}\left[(R_i - \mathbb{E}[R_i])(R_j - \mathbb{E}[R_j])\right]$. Der Investor steht nun vor der Aufgabe, sein Kapital x auf die Finanzgüter $A_1, A_2, \ldots, A_n$ zu verteilen (das involvierte Risiko der Anlage zu *diversifizieren*). Dazu muss die Budgetbedingung

$$\sum_{i=1}^{n} a_i p_i = x$$

erfüllt sein, wobei $a_i \geq 0$ die Anzahl von Einheiten des Finanzguts A_i im Portfolio bezeichnet[3]. Die Nicht-Negativität der a_i bedeutet, dass (vorerst) keine Leerverkäufe erlaubt sind. Damit kann die Rendite R des gesamten Portfolios am Ende der Periode geschrieben werden als

$$R = \frac{\sum_{i=1}^{n} a_i P_i - x}{x} = \sum_{i=1}^{n} \frac{a_i p_i}{x} R_i := \sum_{i=1}^{n} w_i R_i. \tag{68.2}$$

Dabei ist das Gewicht $w_i = a_i p_i / x$ jener Anteil des Gesamt-Kapitals, der in A_i investiert wird (z.B. bedeutet $w_1 = 0.4$ also, dass 40 % des verfügbaren Kapitals x in A_1 investiert werden). Im Folgenden werden wir Portfolios immer anhand der Gewichte $\vec{w} = (w_1, \ldots, w_n)^T$ identifizieren. Ein Portfolio heißt *zulässig*, falls $w_i \geq 0$, $i = 1, \ldots, n$ und die transformierte Budgetgleichung $\sum_{i=1}^{n} w_i = 1$ erfüllt ist.

Aus (68.2) kann man nun den Erwartungswert und die Varianz der Rendite $R_{\vec{w}}$ eines zulässigen Portfolios mit Gewichten $\vec{w}$ bestimmen:

$$\mu_{\vec{w}} := \mathbb{E}[R_{\vec{w}}] = \sum_{i=1}^{n} w_i \mathbb{E}[R_i] = \vec{w}^T \vec{\mu}, \tag{68.3}$$

$$\sigma_{\vec{w}}^2 := \mathrm{Var}[R_{\vec{w}}] = \sum_{i=1}^{n} \sum_{j=1}^{n} w_i w_j \, \mathrm{Cov}[R_i, R_j] = \vec{w}^T \mathbf{V} \vec{w}. \tag{68.4}$$

Um entscheiden zu können, ob ein Portfolio „besser" ist als ein anderes, unterstellte Markowitz Investoren, dass sie neben dem Streben nach maximaler erwarteter Rendite das mit dem Investment verbundene Risiko (gemessen durch die Varianz der Rendite) minimieren bzw. limitieren möchten[4]. Sei V jene Varianz, die der Investor maximal bereit ist zu akzeptieren. Dann ist jenes Portfolio, das bei dieser beschränkten Varianz die erwartete Rendite maximiert, gegeben als Lösung des

---

[2]In der praktischen Anwendung werden diese Parameter dann aus historischen Realisierungen der Renditen der n Finanzgüter geschätzt. Man beachte, dass nur im Falle einer gemeinsamen Normalverteilung für die Renditen diese Parameter bereits die gesamte Verteilung charakterisieren.

[3]Wir nehmen an, dass die Finanzgüter beliebig teilbar sind, d.h. $a_i \in \mathbb{R}^+$.

[4]Dabei wird wieder angenommen, dass keine Transaktionskosten, Steuern etc. anfallen.

Optimierungsproblems

$$\max_{\vec{w}} \ \vec{w}^T \vec{\mu} \tag{68.5}$$

$$\text{unter} \quad \vec{w}^T \mathbf{V} \, \vec{w} \leq V, \quad \sum_{i=1}^{n} w_i = 1, \quad w_i \geq 0 \ (i = 1, \dots, n).$$

Dies ist ein lineares Optimierungsproblem mit quadratischen Nebenbedingungen und als solches nicht allgemein explizit lösbar. Allerdings kann man ein dazu eng verwandtes Problem formulieren:

$$\min_{w} \ \vec{w}^T \mathbf{V} \, \vec{w} \tag{68.6}$$

$$\text{unter} \quad \vec{w}^T \vec{\mu} \geq \mu, \quad \sum_{i=1}^{n} w_i = 1, \ w_i \geq 0, \ (i = 1, \dots, n),$$

wobei μ jetzt die mindestens geforderte erwartete Rendite bezeichnet. Man kann zeigen, dass die optimale Lösung $\vec{w}^*$ von (68.5) für einen vorgegebenen Wert $V = \mathrm{Var}[R_{\vec{w}^*}]$ auch eine optimale Lösung von (68.6) ist mit $\mu := \mathbb{E}[R_{\vec{w}^*}]$. Umgekehrt ist eine optimale Lösung $\vec{w}^*$ von (68.6) mit vorgegebenem $\mu = \mathbb{E}[R_{\vec{w}^*}]$ auch die optimale Lösung von (68.5) mit $V := \mathrm{Var}[R_{\vec{w}^*}]$. Der Vorteil der zweiten Formulierung (68.6) ist, dass es sich nun um ein quadratisches Problem mit linearen Nebenbedingungen handelt, was eine effizientere Lösung des Problems erlaubt.

Betrachten wir nun für ein zulässiges Portfolio mit Gewichtsvektor $\vec{w}$ den Erwartungswert $\mu_{\vec{w}}$ und die Standardabweichung $\sigma_{\vec{w}}$ der Rendite. Es ist klar, dass nicht jede beliebige Kombination von $\mu_{\vec{w}}$ und $\sigma_{\vec{w}}$ erreicht werden kann (z.B. gilt für jedes zulässige Portfolio $\min_i \mu_i \leq \mu_{\vec{w}} \leq \max_i \mu_i$). Die Optimalwerte von (68.5) bzw. (68.6) in Kombination mit den jeweiligen Restriktionen V bzw. μ begrenzen die möglichen $(\mu_{\vec{w}}, \sigma_{\vec{w}})$-Paare derart, dass es kein zulässiges Portfolio gibt, das bei gleichem Risiko mehr erwartete Rendite bringt bzw. bei der gleichen erwarteten Rendite weniger Risiko birgt. Diese Randmenge wird deshalb als *Effizienz-Linie* (engl. *efficient frontier*) bezeichnet und repräsentiert also die bezüglich der obigen Kriterien optimale Diversifikation des Portfolios (vgl. Abb. 68.1). Die Wahl eines konkreten Punktes auf der Effizienz-Linie ist dann allerdings subjektiv zu treffen. Man kann leicht zeigen, dass die Effizienzlinie als Funktion von μ auf dem Gebiet, auf dem sie definiert ist, konvex ist (vgl. Übungsaufgabe XIV.1).

Abb. 68.1. Alle erreichbaren $(\mu_{\vec{w}}, \sigma_{\vec{w}})$-Kombinationen liegen links und oberhalb der Effizienzlinie.

Nehmen wir nun an, dass es zusätzlich zu den Finanzgütern A_i noch eine risikolose Anleihe gibt, sodass wir einen Teil w_0 des Investitions-Kapitals zu einer fixen deterministischen Rendite r anlegen (bzw. ausleihen) dürfen[5]. Wenn wir nun auch Leerverkäufe erlauben (es kann also auch $w_i < 0$ gelten[6]) und die Ungleichung in der Nebenbedingung von (68.6) zu einer Gleichung machen (vgl. hierzu auch Übungsaufgabe XIV.2), dann erhalten wir:

$$\min_{w} \ \vec{w}^T \mathbf{V} \, \vec{w} \qquad \text{unter} \quad \vec{w}^T \vec{\mu} + r \, w_0 = \mu, \quad \sum_{i=1}^{n} w_i + w_0 = 1. \qquad (68.7)$$

Obiges Problem ist offenbar nur sinnvoll, wenn $\mu \geq r$, da wir die Rendite r ja ohne jegliches Risiko realisieren können. Unter der Annahme, dass die Matrix $\mathbf{V}$ invertierbar ist[7], können wir das Problem mittels Lagrange-Optimierung leicht lösen. Hierfür stellen wir zunächst fest, dass es äquivalent zu folgendem Problem ist:

$$\min_{w} \ \vec{w}^T \mathbf{V} \, \vec{w} \qquad \text{unter} \quad \vec{w}^T \vec{\mu} + r \, (1 - \vec{w}^T \mathbf{1}) = \mu,$$

wobei $\mathbf{1} := (1, \dots 1)^T$. Für dieses Problem ist nun die Lagrangefunktion gegeben als

$$L(\vec{w}, \lambda) = \vec{w}^T \mathbf{V} \, \vec{w} + \lambda \left(\mu - \vec{w}^T \vec{\mu} - r \, (1 - \vec{w}^T \mathbf{1}) \right).$$

Daraus ergeben sich folgende notwendige und hinreichende (siehe Übungsaufgabe XIV.5) Bedingungen an den Lösungsvektor $(\vec{w}^*, \lambda^*)$

$$2 \mathbf{V} \vec{w}^* = \lambda^* \left(\vec{\mu} - r\mathbf{1} \right), \quad \vec{w}^{*T} (\vec{\mu} - r\mathbf{1}) = \mu - \mathbf{r} \qquad (68.8)$$

Aus der ersten Gleichung erhalten wir also

$$\vec{w}^* = \frac{\lambda^*}{2} \mathbf{V}^{-1} \left(\vec{\mu} - r\mathbf{1} \right)$$

und durch Einsetzen dieses Ausdrucks in die zweite Gleichung anschließend λ^*. Insgesamt finden wir somit

$$\vec{w}^* = \frac{(\mu - r) \mathbf{V}^{-1}(\vec{\mu} - r\mathbf{1})}{(\vec{\mu} - r\mathbf{1})^T \mathbf{V}^{-1}(\vec{\mu} - r\mathbf{1})}, \qquad w_0^* = \frac{(\vec{\mu} - \mu\mathbf{1})^T \mathbf{V}^{-1}(\vec{\mu} - r\mathbf{1})}{(\vec{\mu} - r\mathbf{1})^T \mathbf{V}^{-1}(\vec{\mu} - r\mathbf{1})}, \qquad (68.9)$$

wobei wir für w_0^* die Budgetgleichung verwendet haben. Offenbar gilt, dass $w_i^* \geq 0$, falls $\mu_i \geq r$ (was aber für ein risikobehaftetes Gut immer gelten muss, um es für risikoscheue Investoren attraktiv zu machen, vgl. Abschnitt 69).

---

[5] Die Erweiterung des Markowitz-Modells um das risikolose Finanzgut wurde 1958 vom amerikanischen Wirtschaftswissenschaftler James Tobin (1918–2002) vorgeschlagen, der für seine Beiträge zur Portfoliotheorie 1981 den Nobelpreis für Wirtschaftswissenschaften erhielt.

[6] $w_0 < 0$ bedeutet dann, dass ein Kredit aufgenommen werden soll, um damit zusätzliche riskante Investitionen zu finanzieren.

[7] Dies ist äquivalent zur Forderung, dass keine Güter am Markt sind, die man durch das Handeln anderer Güter replizieren kann (wie beispielsweise einen Call im Binomialmodell).

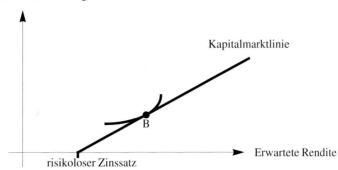

Abb. 68.2. Die Kapitalmarktlinie und das Marktportfolio B.

Somit ist die effiziente Standardabweichung $\sigma_{\vec{w}} = \sqrt{\vec{w}^T \mathbf{V} \vec{w}}$ zu vorgegebenem $\mu \geq r$ gegeben durch

$$\sigma_{\text{eff}} = \frac{\mu - r}{\sqrt{(\vec{\mu} - r\mathbf{1})^T \mathbf{V}^{-1} (\vec{\mu} - r\mathbf{1})}}.$$

Insbesondere ist σ_{eff} also eine lineare Funktion in μ und die Effizienz-Linie ist (nach Einführung der zusätzlichen risikolosen Anlagemöglichkeit!) eine Gerade, die so genannte *Kapitalmarktlinie* (vgl. Abb. 68.2). Zwei Punkte auf dieser Geraden spielen eine spezielle Rolle: Für $\mu = r$ erhalten wir den Punkt $(r, 0)$: um die Rendite r zu erhalten, können wir das gesamte Kapital in die risikolose Anleihe investieren ($w_0^* = 1$). Der zweite spezielle Punkt der Kapitalmarktlinie ist jener, an dem $w_0^* = 0$ ist, d.h. gar nicht in die risikolose Anleihe investiert wird – in diesem Fall muss die Kapitalmarktlinie also die Menge der ohne risikoloses Finanzgut zulässigen Portfolios tangieren (Punkt B in Abb. 68.2). Das B erzeugende Portfolio $\vec{\phi} = (\phi_1, \dots, \phi_n)^T$ wird *Marktportfolio* genannt (es repräsentiert also einen bestimmten Marktindex). Aus (68.9) folgt

$$\vec{\phi} = \frac{\mathbf{V}^{-1}(\vec{\mu} - r\mathbf{1})}{\mathbf{1}^T \mathbf{V}^{-1}(\vec{\mu} - r\mathbf{1})}.$$

Der Return R_ϕ des Marktportfolios hat somit Erwartungswert und Standardabweichung

$$\mu_\phi = \vec{\mu}^T \vec{\phi} = \frac{\vec{\mu}^T \mathbf{V}^{-1}(\vec{\mu} - r\mathbf{1})}{\mathbf{1}^T \mathbf{V}^{-1}(\vec{\mu} - r\mathbf{1})} \quad \text{und} \quad \sigma_\phi = \sqrt{\vec{\phi}^T \mathbf{V} \vec{\phi}} = \frac{\sqrt{(\vec{\mu} - r\mathbf{1})^T \mathbf{V}^{-1}(\vec{\mu} - r\mathbf{1})}}{\mathbf{1}^T \mathbf{V}^{-1}(\vec{\mu} - r\mathbf{1})}.$$

Weiters kann also jedes effiziente Portfolio durch (Linear-)Kombination des Marktportfolios und der risikolosen Anleihe dargestellt werden[8]. Für jedes Finanzgut A_i folgt nun

$$\text{Cov}(R_i, R_\phi) = (0, \dots, 0, 1, 0, \dots, 0)^T \mathbf{V} \vec{\phi} = \frac{\mu_i - r}{\mathbf{1}^T \mathbf{V}^{-1}(\vec{\mu} - r\mathbf{1})} = \frac{(\mu_i - r)\sigma_\phi^2}{\mu_\phi - r}.$$

---

[8] Dieses Resultat wird auch als *Separations-Theorem* bezeichnet, da das Problem des optimalen Investments unter obigen Annnahmen nun auf zwei Schritte aufgeteilt ist, nämlich die Bestimmung des Markt-Portfolios und die optimale Aufteilung zwischen Marktportfolio und risikoloser Anleihe.

Daraus ergibt sich aber unmittelbar

$$\mathbb{E}[R_i] = \mu_i = r + \beta_i(\mu_\phi - r) \qquad (68.10)$$

mit dem *Beta-Koeffizienten* $\beta_i := \operatorname{Cov}(R_i, R_\phi)/\sigma_\phi^2$. Gleichung (68.10) ist eine berühmte Relation im so genannten *Capital Asset Pricing Model* (kurz: CAPM)[9]. Im CAPM geht man von einem Markt mit mehreren Investoren aus (die alle ihr Portfolio nach obigen Richtlinien optimieren wollen) und bestimmt nun umgekehrt die heutigen Preise $p_1, \ldots, p_n$ bei gegebenen Erwartungswerten und Kovarianzen derart, dass sich ein Gleichgewicht bezüglich Angebot und Nachfrage im Markt einstellt. Dies wird gerade dann erreicht, wenn die Preise so festgesetzt werden, dass die Zusammensetzung des aktuellen Marktes dem Marktportfolio ϕ entspricht.

Bemerkung. *Gleichung (68.10) kann als lineare Regression der Rendite eines einzelnen Finanzguts A_i nach der Rendite des Marktportfolios aufgefasst werden und β_i entspricht dann genau dem Regressions-Koeffizienten. Daher wird das im Marktportfolio aggregierte Risiko häufig auch als* systematisches *Risiko bezeichnet. Dies ist insofern gerechtfertigt, als dieses Risiko durch Investitionen im Markt nicht mehr reduziert werden kann.*

Bemerkung. *In der Praxis ist es oft schwierig, eine brauchbare Schätzung für die Varianz-Kovarianz-Matrix der in Frage kommenden Finanzgüter zu erhalten. Da diese Matrix aber essentiell die Lösung der Optimierungsaufgabe beeinflusst, wirken sich Instabilitäten in der Schätzung negativ auf die Robustheit der Portfoliogewichte aus. Aus diesem Grund wird mitunter vereinfacht angenommen, dass ein Index (wie etwa der S&P500) das systematische Risiko repräsentiert[10] und die Korrelation zweier Güter A_i und A_j gegeben ist als $\rho_i \rho_j$, wobei ρ_k die Korrelation zwischen dem Gut A_k und dem Index ist. Diese Vorgangsweise hat den Vorteil, dass viel weniger Parameter geschätzt werden müssen (und den Nachteil restriktiverer Annahmen).*

Die in diesem Abschnitt behandelten Resultate sind berühmte Meilensteine in der Entwicklung der Portfoliotheorie, jedoch sind die involvierten Annahmen in vielerlei Hinsicht zu restriktiv. So ist einerseits die Messung des involvierten Risikos mit Hilfe der Standardabweichung bzw. Varianz natürlich eine grobe Vereinfachung und oft nicht adäquat[11], andererseits ist auch die Beschränkung auf ein einperiodisches Modell problematisch. Weiters wird die tatsächliche Abhängigkeitsstruktur zwischen handelbaren Finanzgütern mit einer Kovarianzmatrix in der Regel nicht hinreichend gut beschrieben. Deshalb gibt es mittlerweile eine Vielzahl von Weiterentwicklungen und allgemeineren Resultaten für die optimale Zusammenstellung von Portfolios (siehe Abschnitt 71). Nichtsdestotrotz werden das Markowitz-Modell bzw. das CAPM auf Grund ihrer Transparenz und einfachen Struktur in der Praxis nach wie vor gerne, zumindest zu Vergleichszwecken, verwendet.

---

[9]Dieses wurde ursprünglich von W. Sharpe 1964, s.a. Fußnote auf S. 133, bzw. J. Lintner 1965 entwickelt.

[10]Ein solcher Index wird dann wegen seiner unterstellten Optimalität auch gerne als *Benchmark* benutzt; die Performance eines Finanzguts relativ zu dieser Benchmark ist dann von Interesse.

[11]Es wird dabei ja etwa eine positive Abweichung vom Erwartungswert (Profit) gleich stark „bestraft" wie eine negative (Verlust)! Schon Markowitz selbst hat zur Verbesserung ein einseitiges Varianzmaß vorgeschlagen, das aber die Betrachtungen viel komplizierter macht.

■ 69
Risikomaße und Nutzentheorie

Im letzten Abschnitt wurde das Risiko jeweils durch die Varianz bzw. die Standardabweichung der Rendite parametrisiert bzw. „gemessen". Wie oben schon erwähnt, sind in der Praxis oft andere Möglichkeiten, das Risiko zu messen, aussagekräftiger. Vor allem in den letzten Jahren wurde eine intensive Diskussion über geeignete Risikomaße geführt. Im Rahmen der für die meisten europäischen Banken verbindlichen Basel II-Verordnung wird etwa das – aus Sicht der Finanzaufsicht – notwendige Eigenkapital von Banken festgelegt, indem das involvierte Risiko gemessen wird (das Pendant für Versicherungsgesellschaften ist die Solvency II-Verordnung).

Wir wollen hier Risiko allgemein als Zufallsvariable X definieren mit $\mathbb{P}[X > 0] > 0$. X soll dabei den (zufälligen) Verlust einer Investition bezeichnen (ein negativer Wert von X entspricht dann also einem Gewinn). Die Frage des Messens von Risiko ist eng verwandt mit der Frage nach der Ordnung von Risiken: Gegeben zwei Risiken X_1 und X_2 möchte man typischerweise entscheiden können, welches der beiden Risiken „besser" bzw. „sicherer" ist. Für solche Vergleiche wie auch für die Bestimmung des oben beschriebenen benötigten Sicherheitskapitals bei Finanzgeschäften eignet sich die Reduzierung der Risiko-Beschreibung auf eine Zahl:

Risikomaß. Ein *Risikomaß* ρ ist eine Abbildung, die einem Risiko einen Geldbetrag zuweist, also $\rho(X) = x$ EUR, $x \in \mathbb{R}$. Definition

Ein Risikomaß weist also jedem Risiko eine monetäre Größe zu, die ökonomisch betrachtet etwa dem für die Absicherung des Risikos benötigten Eigenkapital entsprechen kann. Die Standardabweichung (bzw. die Varianz) ist ein einfaches, meist aber unzufriedenstellendes Beispiel für ein Risikomaß (vgl. Fußnote auf S. 138). Das heutzutage in der Praxis wohl am weitesten verbreitete „einseitige" Risikomaß ist der sog. *Value at Risk*:

Der *Value at Risk* VaR(X) eines Risikos X zum Konfidenzintervall α ist definiert als α-Quantil der Verteilung von X, d.h. Definition

$$\text{VaR}_\alpha(X) := \inf\{x \colon \mathbb{P}[X \le x] \ge \alpha\}. \qquad (69.11)$$

$\text{VaR}_{0.99}(X) = x$ für eine Investition bedeutet also beispielsweise, dass ein Kapital von x in 99% der Fälle genügt, um den Verlust X zumindest auszugleichen. $\text{VaR}_\alpha(X)$ ist in der Praxis beliebt, da er intuitiv und oft relativ einfach zu schätzen ist[12]. Allerdings gibt dieses Risikomaß laut Definition etwa keine Auskunft darüber, wie hoch im Falle einer Überschreitung des α-Quantils der dann auftretende Verlust ist (und Risiken mit identem VaR können diesbezüglich offensichtlich sehr unterschiedliche Eigenschaften haben). Eine weitere (oft als unangenehm interpretierte) Eigenschaft

---

[12]So wird etwa sowohl in den Basel II- als auch in den Solvency II-Verordnungen seitens der Aufsichtsbehörden der VaR als Standard-Risikomaß herangezogen.

des VaR ist, dass es die sog. *Subadditivität* nicht immer erfüllt. Diese besagt, dass ein Risikomaß ρ für zwei Risiken X und Y

$$\rho(X + Y) \leq \rho(X) + \rho(Y)$$

erfüllen sollte (vgl. Übungsaufgabe XIV.6). Die Subadditivität formalisiert die intuitive Annahme, dass das Risiko eines zusammengelegten Portfolios kleiner ist als das addierte Risiko der einzelnen Portfolios (*Diversifikation des Risikos*).

Ein Beispiel für ein subadditives Risikomaß ist die oben erwähnte Standardabweichung. Ein weiteres, das eher in die Konzeption des VaR passt, ist der sog. *Expected Shortfall* zum Konfidenzniveau α, der definiert ist durch

$$\mathrm{ES}_\alpha(X) = \mathbb{E}(X|X > \mathrm{VaR}_\alpha) = \frac{1}{1 - \alpha} \int_{\mathrm{VaR}_\alpha}^{\infty} x \, dF_X(x),$$

wobei $F_X(x)$ die Verteilungsfunktion von X bezeichnet. ES_α ist also der Erwartungswert des Verlustes, gegeben dass dieser höher ausfällt als VaR_α. Obwohl die Schätzung von ES_α in der Praxis meist problematischer ist als jene von VaR (oft ist die Datenlage im relevanten Bereich karg), wird dieses Risikomaß wegen seiner guten Eigenschaften auch in der Praxis eingesetzt[13]. ES_α ist ein so genanntes *kohärentes Risikomaß* (siehe Übungsaufgabe XIV.6).

Eine alternative Möglichkeit, zwischen Rendite und involviertem Risiko einer Investition abzuwägen, ist eine quantitative Beschreibung des *Nutzens* $u(x)$, den ein Vermögen x für den Investor hat. Die Motivation für diesen Ansatz entspringt einem Resultat von J. von Neumann und O. Morgenstern[14], welches unter bestimmten (relativ allgemeinen) Konsistenzbedingungen folgenden Sachverhalt etabliert: Wann immer ein Investor zwei Investitionsmöglichkeiten X und Y vergleichen kann (d.h. eine Präferenz für eine der beiden hat oder indifferent ist), gibt es eine Nutzenfunktion u, sodass $\mathbb{E}[u(X)] > \mathbb{E}[u(Y)]$ genau dann, wenn er X gegenüber Y bevorzugt (und umgekehrt). Somit reduziert sich die Suche nach der optimalen Investitions-Strategie auf die Maximierung des erwarteten Nutzens (ein konkretes Beispiel wird in Abschnitt 70 gegeben). Die Wahl einer geeigneten (der richtigen!) Nutzenfunktion ist natürlich in diesem Zusammenhang essentiell und in der Praxis kann dies wohl nur approximativ erfolgen. Ein Investor wird *risikoscheu* (bzw. auch risikoavers) genannt, wenn seine Nutzenfunktion monoton steigend und konkav ist, er also mehr gegenüber weniger bevorzugt und der Zugewinn einer fixen Geldmenge für ihn umso weniger wert wird, je höher das bereits vorhandene Vermögen ist. Risiko-Aversion wird typischerweise als natürliche Eigenschaft eines Investors angesehen. Beliebte mathematische Modelle für risiko-averse Nutzenfunktionen sind logarithmischer Nutzen ($u(x) = \log(x)$), exponentieller Nutzen ($u(x) = 1 - e^{-ax}$ mit $a > 0$) sowie Potenz-Nutzen ($u(x) = x^{1-\alpha}/(1 - \alpha)$ mit $\alpha > 0$, $\alpha \neq 1$). Das im Markowitz-Modell verwendete Kriterium der Minimierung der Varianz bei vorgegebener erwarteter Rendite entspricht der Maximierung des erwarteten Nutzens bei einer quadratischen Nutzenfunktion (siehe Übungsaufgabe XIV.9).

---

[13] So etwa beim Schweizer Solvenz-Test für Versicherungsgesellschaften.

[14] John von Neumann (1903–1957) und Oskar Morgenstern (1902–1977) waren auch die Begründer der Spieltheorie.

◾ 70
Portfolio-Optimierung in stetiger Zeit

In Abschnitt 68 haben wir ein Portfolio-Optimierungs-Problem in einem Ein-Perioden-Modell betrachtet. Nun liegt die Frage nahe, wie optimale Verhaltens-Strategien in einem mehr-periodischen bzw. noch allgemeiner in einem zeitstetigen Modell aussehen (d.h. die Gewichte dürfen – wie beim Δ-Hedge im Black-Scholes-Modell – dynamisch rebalanciert werden). Diese Frage ist im Allgemeinen natürlich deutlich schwerer zu beantworten als im Ein-Perioden-Modell. Allerdings gibt es für den Fall, dass es genau ein risikobehaftetes und ein risikoloses Finanzgut am Markt gibt (das sogenannte *Merton Problem*), eine erstaunlich einfache Lösung, die im klassischen Rahmen 1969 von R. Merton gefunden wurde. Es handelt sich hierbei um ein Problem der *Optimalen Steuerung*, dessen exakte Lösung mathematisch herausfordernd und jenseits des Rahmens dieses Bandes liegt. Es sei jedoch hier abschließend noch ein heuristischer Lösungsansatz für dieses Problem erläutert:

Wir betrachten einen Investor mit logarithmischer Nutzenfunktion, sowie einen Markt bestehend aus einem risikobehafteten Finanzgut S_t, dessen Wert durch eine geometrische Brownsche Bewegung modelliert wird, und einem risikolosen Finanzgut („Bond") B_t, das mit einer konstanten Zinsrate r verzinst wird:

$$dS_t = S_t \left(\mu dt + \sigma dW_t \right), \quad dB_t = B_t \, r dt.$$

Sei nun w_t jener Anteil des Gesamtkapitals, der in S_t investiert wird. Dies entspricht einer Position in $w_t X_t / S_t$ Aktien und $(1 - w_t) X_t / B_t$ Bonds und für dX_t folgt daher:

$$dX_t = \frac{(1 - w_t) X_t}{B_t} dB_t + \frac{w_t X_t}{S_t} dS_t.$$

Für den logarithmischen Nutzen $U_t = \log(X_t)$ des Kapitals ergibt sich mit Hilfe der Itô-Formel und Integration

$$U_T = \log(X_0) + \int_0^T ((1 - w_t)r + w_t \mu - w_t^2 \sigma^2 / 2) dt + \int_0^T w_t \sigma dW_t.$$

Nun wird der Investor versuchen, den erwarteten Nutzenzuwachs zu maximieren:

$$\mathbb{E}[U_T] = \log(X_0) + \mathbb{E}\left[\int_0^T \left(r + w_t(\mu - r) - w_t^2 \sigma^2 / 2 \right) dt \right] + \mathbb{E}\left[\int_0^T w_t \sigma dW_t \right]$$

$$= \log(X_0) + \mathbb{E}\left[\int_0^T \left(r + w_t(\mu - r) - w_t^2 \sigma^2 / 2 \right) dt \right], \tag{70.12}$$

da für jede feste Diskretisierung des stochastischen Integrals (vgl. Kapitel VI) der Erwartungswert in jedem Diskretisierungsintervall Null ist (wir können ja nicht antizipieren, wie sich W_t entwickelt, und müssen deshalb w_t unabhängig von ΔW_t wählen) und die Vertauschung von Erwartungswert und Grenzwert rechtfertigbar ist. Also können wir die optimale Investmentstrategie $\hat{w}_t$ bestimmen, indem wir für jedes t punktweise eine quadratische Funktion maximieren:

$$\left(r + \hat{w}_t(\mu - r) - \hat{w}_t^2\sigma^2/2\right) = \max_{w_t}\left(r + w_t(\mu - r) - w_t^2\sigma^2/2\right).$$

Da $\sigma^2 > 0$, ist also $\hat{w}_t$ gegeben als Nullstelle der ersten Ableitung und somit gilt

$$\hat{w}_t = \frac{\mu - r}{\sigma^2}.$$

Die optimale Strategie ist demnach sehr einfach, nämlich den Anteil am risikobehafteten Finanzgut über die gesamte Zeit konstant zu halten. Diese Strategie wirkt zwar auf den ersten Blick leicht implementierbar, jedoch erfordert sie kontinuierliches Handeln, da sich sowohl der Wert des risikobehafteten als auch der des risikolosen Finanzguts ständig ändern.

■ 71
Literaturhinweise und Übungsaufgaben

In diesem Kapitel haben wir (auf Grund des begrenzten Umfangs dieses Bandes) nur einige klassische Ansätze zur Portfolio-Optimierung behandeln können, um mit den grundsätzlichen Fragestellungen vertraut zu werden. Mittlerweile hat sich dieses Gebiet rasant weiterentwickelt und wir verweisen auf die Fachliteratur für detaillierte Darstellungen, siehe z.B. Pflug & Römisch [52], Fernholz [25], Platen & Heath [53], Dana & Jeanblanc [14], Korn & Korn [41], Luenberger [47] bzw. Karatzas & Shreve [39].

Übungsaufgaben

XIV.1. *Zeigen Sie, dass die Effizienzlinie im Markowitz-Modell konvex ist. Hinweis: Bilden Sie eine Linearkombination aus zwei Portfolios und verwenden Sie die Cauchy-Schwarz-Ungleichung.*

XIV.2. *Argumentieren Sie, warum sich für eine Ungleichung in der ersten Nebenbedingung in (68.7) für $\mu \geq r$ das optimale Portfolio nicht verändern würde.*

XIV.3.
(a) *Identifizieren Sie jenes Portfolio auf der Effizienz-Linie des Markowitz-Modells, das minimale Varianz bzw. maximalen Erwartungswert aufweist.*
(b) *Die Sharpe-Ratio ist definiert als $(\mu - r)/\sigma$, gibt also die Differenz der erwarteten Rendite und der risikolosen Anlage pro Risikoeinheit an und ist ein in der Praxis beliebtes Maß für die „Risiko-Effizienz" einer Investition. Zeigen Sie, dass das Markt-Portfolio genau jenes auf der Effizienz-Linie ist, das die resultierende Sharpe-Ratio maximiert (man nennt deshalb das Marktportfolio auch Tangential-Portfolio).*

XIV.4. *Im Black-Scholes-Modell gilt für kleine Δt*

$$\Delta S_t = (S_{t+\Delta t} - S_t) \approx S_t(\mu\Delta t + \sigma\Delta W_t).$$

Zeigen Sie mit dieser Approximation, dass die Kapitalmarktlinie im Black-Scholes-Modell (wo es ja nur eine Aktie und den risikolosen Bond gibt) für die Periode $(t, t+\Delta t)$ die Steigung $\sigma/(\mu - r)$ hat und argumentieren Sie, warum die Sharpe-Ratio $(\mu - r)/\sigma$ als Marktpreis des Risikos im Black-Scholes-Modell bezeichnet wird.

XIV.5. *Zeigen Sie, dass* (68.8) *tatsächlich notwendig und hinreichend für die Optimalität von $\vec{w}^*$ und λ^* sind.*

XIV.6. *Kohärente Risikomaße ρ genügen den Axiomen*

- Translations-Invarianz: *Für alle Risiken X und $a \in \mathbb{R}$ gilt $\rho(X + a) = \rho(X) + a$.*
- Monotonie: *Für alle X, Y mit $X \leq Y$ gilt $\rho(X) \leq \rho(Y)$.*
- Positive Homogenität: *Für alle X und $a \geq 0$ gilt $\rho(aX) = a\rho(X)$.*
- Subadditivität: *Für alle Risiken X, Y gilt $\rho(X + Y) \leq \rho(X) + \rho(Y)$.*

(a) Motivieren Sie diese Axiome.
(b) Zeigen Sie, dass das Risikomaß $\rho(X) = \mathbb{E}(X) + \alpha \operatorname{Var}(X)$ das Monotonie-Axiom nicht erfüllt.
(c) Finden Sie zwei Zufallsvariablen X und Y, sodass $\operatorname{VaR}(X+Y) > \operatorname{VaR}(X)+\operatorname{VaR}(Y)$ und somit das Subadditivitäts-Axiom nicht erfüllt ist. (Hinweis: Betrachten Sie z.B. zwei Zufallsvariablen, die jeweils nur 0 und einen einzigen positiven Wert annehmen können.)

XIV.7. *Berechnen Sie jenes Konfidenzniveau α_1, zu dem der VaR unter Normalverteilungsannahme dem ES mit einem gegebenen Konfidenzniveau α_2 entspricht.*

XIV.8. *Betrachten Sie eine zufällige Auszahlung X, die jeweils mit Wahrscheinlichkeit $1/2$ 1 EUR bzw. 100 EUR annimmt. Wieviel muss man Ihnen als sichere Auszahlung bieten, damit Sie diese bevorzugen? Berechnen Sie aus Ihrer Antwort – falls diese kleiner als 50.50 EUR ist – den Parameter a einer Exponentialnutzenfunktion (Ihre Risikoaversion), sodass diese Nutzenfunktion Ihre Entscheidung nachbildet und begründen Sie andernfalls warum es keine konkave Nutzenfunktion geben kann, die Ihre Entscheidung erklären kann! Ab welchem a wird eine fixe Zahlung von 30 EUR bevorzugt?*

XIV.9. *Zeigen Sie, dass die Minimierung der Varianz einer Investition bei fixierter erwarteter Rendite (also das Kriterium aus Abschnitt 68) der Maximierung des erwarteten Nutzens bei quadratischer Nutzenfunktion entspricht.*

XIV.10. *Interpretieren Sie die Sharpe-Ratio aus Übungsaufgabe XIV.4 im Zusammenhang mit der optimalen Strategie von Abschnitt 70.*

Aufgaben mit Mathematica

XIV.11. *Betrachten Sie zwei Güter A_1 und A_2 mit $\mu_1 = 0.1$, $\mu_2 = 0.05$, $\sigma_1 = 0.2$, $\sigma_2 = 0.1$ und Korrelation $\rho = 0.25$. Nehmen Sie an, Sie wollen eine Varianz von höchstens 0.1 als Risiko auf sich nehmen. Wie sieht dann das optimale Markowitz-Portfolio aus? Wie hoch ist die Rendite? Was ist das Portfolio mit der kleinsten Varianz? Wie hoch ist dessen erwartete Rendite? Mit welcher Wahrscheinlichkeit ist die Rendite dieses Portfolios negativ, wenn Sie unterstellen, dass die Renditen normalverteilt sind?*

XIV.12. *Seien A_1 und A_2 zwei Finanzgüter, deren Renditen Erwartungswert μ_1, μ_2 und Varianz V_1, V_2 sowie Kovarianz V_{12} haben. Zeigen Sie unter der Annahme, dass Leerverkäufe erlaubt sind, dass für jedes Startkapital x durch Kombinationen von Positionen in A_1 und A_2 eine Hyperbel im (μ_w, σ_w)-Diagramm entsteht und identifizieren Sie die Effizienz-Linie. Implementieren Sie weiters die Fragestellung in Mathematica und lassen Sie die Hyperbel für spezielle Werte der Parameter zeichnen. (Hinweis: In diesem einfachen Markt kann man das Markowitz-Problem mittels der Budgetgleichung zu einer Optimierungsaufgabe in einer Variablen machen und dann relativ einfach lösen.)*

XIV.13. *Betrachten Sie ein Markowitz-Modell mit 3 Finanzgütern A_1, A_2 und A_3, wobei*

$$\mu_1 = 0.1, \quad \mu_2 = 0.05, \quad \mu_3 = 0.085, \quad V = \begin{pmatrix} 0.04 & 0.005 & 0.006 \\ 0.005 & 0.01 & 0.0018 \\ 0.006 & 0.0018 & 0.0225 \end{pmatrix}.$$

Verwenden Sie Mathematica, um die Menge aller zulässigen (μ, σ)-Kombinationen zeichnen zu lassen und identifizieren Sie die Effizienzlinie (vgl. Abb. 71.3).

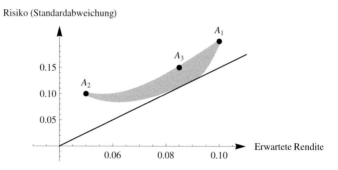

Abb. 71.3. Die Menge der zulässigen (μ, σ)-Kombinationen aus Übungsaufgabe XIV.13 und die Kapitalmarktlinie aus ÜbungsaufgabeXIV.14

XIV.14. *Betrachten Sie das Modell aus Übungsaufgabe XIV.13 und nehmen Sie an, dass nun zusätzlich ein risikoloses Gut mit $r = 0.04$ verfügbar ist. Identifizieren Sie die Kaptialmarktlinie in diesem Beispiel und benutzen Sie Mathematica, um diese zusammen mit der ursprünglichen Effizienzlinie zu plotten (vgl. Abb. 71.3).*

XV Einführung in die Kreditrisikomodellierung

■ 72
Einleitung

Eines der ureigensten Geschäftsfelder von Banken ist das Verleihen von liquiden Mitteln an Schuldner geknüpft an die Bedingung, dass der Schuldner zusätzlich zur Begleichung der Schuld zu einem späteren Zeitpunkt (laufend oder aber endfällig) Zinszahlungen leistet. Wir wenden uns nun einer Frage zu, die bereits in Kapitel I gestellt wurde, nämlich warum verschiedene Schuldner unter den gleichen Rahmenbedingungen unterschiedlich hohe Zinsen bezahlen müssen. Hierzu betrachten wir einen allgemeinen Kredit, der charakterisiert ist durch die Höhe der *Nominalschuld N*, sowie ein geplantes Rück- und Zinszahlungsschema, das dem Schuldner vorschreibt, zu bestimmten Zeitpunkten t_i ($i = 1, \ldots, n$) Zahlungen c_i zu leisten (hierbei wird $T = t_n$ *Laufzeit* des Kredits genannt). Nun besteht die Möglichkeit, dass der Schuldner zu einem bestimmten Zeitpunkt τ nicht in der Lage ist, seinen Zahlungsverpflichtungen nachzukommen[1]. In diesem Fall spricht man von einem *Ausfall* des Schuldners und nennt τ *Ausfallszeitpunkt*. Falls der Schuldner ausfällt, erleidet die kreditgebende Institution (im Folgenden als Bank bezeichnet) einen finanziellen Nachteil, da die eingeplanten Zahlungen c_i für $t_i \geq \tau$ nicht mehr geleistet werden. Um uns auf die Modellierung des Kreditrisikos selbst zu konzentrieren, unterstellen wir für den Rest dieses Kapitels eine konstante risikolose Zinsrate r. Damit ergibt sich der Barwert dieser entgangenen Zahlungen zum Ausfallszeitpunkt $\tau < T$ als

$$X_\tau = \sum_{i=d}^{n} e^{-r(t_i-\tau)} c_i, \tag{72.1}$$

wobei $d := \min\{i: t_i \geq \tau\}$.

Andererseits wird die Bank mitunter die Sicherheiten (bzw. die Aktiva) des Schuldners verwerten können, um zumindest einen Teil der ausständigen Rückzahlungen zu decken. Der Anteil dieser Rückflüsse am Barwert der ausstehenden Zahlungen wird *Verwertungsrate δ* (englisch: recovery rate) genannt und ist im Allgemeinen a priori nicht bekannt und somit zufällig.

---

[1] Diese Verpflichtungen können auch aus anderen Schuldverhältnissen erwachsen.

Damit können wir nun also für einen allgemeinen Kredit den diskontierten Payoff P für die Bank folgendermaßen angeben:

$$P = \begin{cases} \sum_{i=1}^{n} e^{-rt_i} c_i, & \text{falls der Schuldner nicht ausfällt,} \\ \sum_{i=1}^{d-1} e^{-rt_i} c_i + \delta e^{-r\tau} X_\tau, & \text{falls } t_{d-1} < \tau \leq t_d. \end{cases} \tag{72.2}$$

Offenbar hängt der Payoff von der Verteilung des Ausfallszeitpunktes τ sowie der Verwertungsrate δ ab. In den nächsten Abschnitten werden wir verschiedene Herangangsweisen (für verschiedene Zwecke) angeben, um diese Verteilungen zu schätzen.

Zunächst wollen wir jedoch zwei Möglichkeiten, für Schuldner einen Kredit zu erhalten, diskutieren. Der klassische Weg, der vor allem von Einzelpersonen und kleinen bzw. mittelgroßen Unternehmen beschritten wird, besteht im direkten Weg zur Bank, die dann je nach Risikoprofil und nach Einschätzung der Kreditwürdigkeit einen Preis – also das Rückzahlungsschema – festlegt. Basierend auf Schätzungen der Ausfallwahrscheinlichkeit und der Verwertungsrate verrechnet die Bank dem Schuldner also periodische Zahlungen. Dementsprechend ähnelt diese Art der Kreditvergabe sehr einem Versicherungsvertrag und wird in der Regel auch in dieser Weise bepreist. Die Bank wird also für das Risiko, das sie auf sich nimmt, einen höheren erwarteten Return fordern, dessen Höhe von ihrer Risikofreudigkeit sowie von regulatorischen Rahmenbedingungen abhängt.

Eine zweite Möglichkeit, die vor allem in den USA und mittlerweile auch in Europa von großen Unternehmen und Institutionen sehr stark genutzt wird, ist die Ausgabe von *Unternehmensanleihen* (engl. *Corporate Bonds*). Diese funktionieren wie Anleihen, bestehen also in der einfachsten Form aus einer endfälligen Zahlung der Nominale plus Kupon-Zahlungen. Hier verkauft das Unternehmen also direkt am Finanzmarkt einen Bond und lukriert dadurch die benötigten liquiden Mittel. In unserer Notation kann ein Corporate Bond ohne Kuponzahlungen (engl. *bullet bond*) also beschrieben werden durch:

$$c_i = \begin{cases} 0 \ \text{für } i = 1, \dots, n-1 \\ N \ \text{für } i = n \end{cases}, \tag{72.3}$$

wobei N die Nominale und t_n die Laufzeit des Bonds ist. Einfache Erweiterungen obiger Struktur stellen beispielsweise periodische Kuponzahlungen dar. Da nun aber die Möglichkeit besteht, dass das Unternehmen ausfällt, müssen dementsprechend die Kupons höher sein als bei einem risikolosen Bond, der in jedem Fall die Nominale bezahlt[2]. Diese Differenz s zwischen der risikolosen Zinsrate und den Zinsen eines Corporate Bonds wird als *Spread* (oder *Credit Spread*) bezeichnet und ist die üblichste Methode, Preise von Kreditprodukten zu beschreiben. Wenn man den Preis eines Corporate Bonds als CP bezeichnet, gilt also für den Spread s:

$$\text{CP} = e^{-(r+s)T} N \quad \text{oder} \quad s = \frac{-\log(\text{CP}/N)}{T} - r. \tag{72.4}$$

---

[2]Üblicherweise werden Bonds, die von stabilen Ländern wie Deutschland oder den USA ausgegeben werden, als nahezu risikolos betrachtet.

■ 73
Ratings

Die klassische Herangehensweise an die Modellierung der Ausfallswahrscheinlichkeiten ist die Einteilung der Schuldner in verschiedene Klassen. Hierbei wird einem Unternehmen anhand von ökonomischen Kennzahlen, wie etwa Bilanz, Managementstruktur oder Eigenkapitalquote, eine Kreditwürdigkeit zugeordnet. Dieser Vorgang wird im Allgemeinen *Rating* genannt. Ratings haben vor allem in den USA eine lange Tradition und es gibt Unternehmen, die sich auf diese Aufgabe spezialisiert haben. Die größten und ältesten dieser Unternehmen sind *Moody's*, *Fitch* und *Standard and Poor's (S&P)*. Die Rating-Klassen selbst sind bei den meisten Agenturen sehr ähnlich strukturiert und beispielsweise bei S&P eingeteilt in AAA (Triple A), AA (Double A), A (Single A), BBB (Triple B), BB (Double B), B (Single B), CCC (Triple C), CC (Double C) und D (Default), wobei AAA die beste Kreditwürdigkeitsklasse ist und D Ausfall bedeutet[3]. AAA bis BBB– werden als *Investmentgrad* bezeichnet und gelten als relativ sicher, während die restlichen Klassen *spekulativ* genannt werden und mit größeren Risiken versehen sind. Die Rating-Agenturen führen aber nicht nur das Rating selbst durch, sondern bieten auch statistische Auswertungen über die Ausfälle von Unternehmen mit verschiedenen Ratings (und über verschiedene Zeitspannen) an.

Das Rating eines Unternehmens ist im Allgemeinen nicht statisch. Auf Grund neuer Informationen (wie neuer Bilanzen, veränderter Wirtschaftslage oder Änderungen in der Unternehmensstruktur) werden Neuberechnungen des Ratings notwendig. Dementsprechend bieten Rating-Agenturen neben Statistiken über Ausfälle auch so genannte Migrationstabellen an, in denen die Übergangswahrscheinlichkeiten von einer Ratingklasse in eine andere gelistet werden. In einer derartigen Tabelle ist also etwa die Wahrscheinlichkeit enthalten, dass sich ein A geratetes Unternehmen nach einem Jahr in der Klasse AAA, AA, A, BBB, etc. befinden wird, also auf- oder abgewertet werden wird (vgl. Tabelle XV.1[4]). Zusätzlich unterhalten Banken meist eigene Ratingsysteme, in denen sie die Kreditwürdigkeit ihrer Kunden laufend abbilden.

Von/Nach	AAA	AA	A	BBB	BB	B	CCC	D	NR
AAA	88.53	7.70	0.46	0.09	0.09	0.00	0.00	0.00	3.15
AA	0.60	87.50	7.33	0.54	0.06	0.10	0.02	0.01	3.84
A	0.04	2.07	87.21	5.36	0.39	0.16	0.03	0.06	4.67
BBB	0.01	0.17	3.96	84.13	4.03	0.72	0.16	0.23	6.61
BB	0.02	0.05	0.21	5.32	75.62	7.15	0.78	1.00	9.84
B	0.00	0.05	0.16	0.28	5.92	73.00	3.96	4.57	12.05
CCC	0.00	0.00	0.24	0.36	1.02	11.74	47.38	25.59	13.67

Tabelle XV.1. Rating-Migrationstabelle (einjährige Übergangswahrscheinlichkeiten in %) für Daten von 1981–2007 (NR bedeutet, dass das Unternehmen am Ende des Jahres nicht mehr geratet wurde und C, CC bzw. CCC wurden unter CCC zusammengefasst).

[3]Die Klassen AA bis CC sind weiter in AA+, AA, AA– etc. unterteilt.
[4]Quelle: Standard & Poor's Default, Transition, and Recovery: 2007 Annual Global Corporate Default Study and Rating Transitions *http://www2.standardandpoors.com/spf/pdf/products/2007_Default_Study.pdf*.

■ 74
Firmenwertmodelle

Ratings und die zugehörigen Statistiken schätzen also historische Ausfallswahrscheinlichkeiten. In der Modellierung von Aktienpreisen entspricht dies der Schätzung des physischen[5] Wahrscheinlichkeitsmaßes. Wir können aber Kreditrisiko auch als Derivat auf die Aktiva eines Unternehmens verstehen und den Ausfallszeitpunkt endogen definieren. Diesen Ansatz bezeichnet man als *Firmenwert- bzw. Strukturmodell* (engl. *structural model*). Das erste und einfachste Modell in dieser Sichtweise wurde von R. Merton 1974 eingeführt. Der Wert der Aktiva V_t muss gleich dem Wert der Passiva sein und ist daher gegeben als

$$V_t = E_t + D_t,$$

wobei E_t das Eigenkapital des Unternehmens und D_t die Verbindlichkeiten zum Zeitpunkt t bezeichnen[6]. Merton nahm nun an, dass der Wert der Aktiva eines Unternehmens (also im wesentlichen das Unternehmen selbst) handelbar ist und einer geometrischen Brownschen Bewegung folgt, also

$$dV_t = V_t(\mu dt + \sigma_V dW_t). \tag{74.5}$$

Im *Merton-Modell* wird nun ein Unternehmen betrachtet, das als einzige Verbindlichkeit einen Corporate Bond mit Nominale N und ohne Kupon-Zahlungen hat. Aus diesen Annahmen kann man nun mittels No-Arbitrage-Überlegungen den fairen Preis CP des Corporate Bonds in eindeutiger Weise festlegen. Hierzu bemerken wir unter Verwendung von (72.3), dass den Investoren zum Fälligkeitszeitpunkt T folgender Payoff aus dem Corporate Bond erwächst:

$$P = \left\{ \begin{array}{l} N, \quad \text{falls } V_T \geq N, \\ V_T, \text{ andernfalls} \end{array} \right\} = N - (N - V_T)^+. \tag{74.6}$$

Die Bedingung $V_T \geq N$ bedeutet, dass das Unternehmen genug Aktiva aufbringen kann, um alle Investoren auszuzahlen. Der andere Fall entspricht einem Ausfall des Unternehmens und der Payoff ergibt sich aus der Liquidierung der Aktiva des Unternehmens. Nach der rechten Seite von (74.6) kann man den Payoff P eines Corporate Bonds auch interpretieren als (sichere) Nominale plus dem nicht-positiven Payoff einer short Position in einem europäischen Put auf den Firmenwert mit Strike N. Der Preis des Puts ist aber gegeben durch (32.7) und somit gilt für den Preis des Corporate Bonds CP_t zum Zeitpunkt t

$$CP_t = e^{-r(T-t)} N - \left(e^{-r(T-t)} N \Phi(-d_{t-}) - V_t \Phi(-d_{t+}) \right),$$

wobei

$$d_{t\pm} = \frac{\log(V_t/N) + (r \pm \frac{1}{2}\sigma^2)(T-t)}{\sigma\sqrt{T-t}}.$$

---

[5] Also des tatsächlichen, im Gegensatz zum risikoneutralen Wahrscheinlichkeitsmaß.

[6] Dies ist natürlich eine vereinfachte Bilanz eines Unternehmens, da wir annehmen, dass die Passivseite der Bilanz lediglich aus Eigenkapital und Verbindlichkeiten besteht und Rückstellungen u.ä. nicht berücksichtigen.

Daraus erhält man mit (72.4), dass der Credit Spread s_t zum Zeitpunkt t gegeben ist als:

$$s_t = -\frac{\log\left(\Phi(d_{t-}) + \Phi(-d_{t+})\,e^{r(T-t)}\,V_t/N\right)}{T-t}. \tag{74.7}$$

Wir wollen anmerken, dass hier in natürlicher Weise das zweite Risiko im Umgang mit Krediten beschrieben wird, nämlich das *Spread-Risiko*. Dieses ist das Risiko, dass sich der faire Spread über die Zeit verändert, und somit der Corporate Bond vor Ende der Laufzeit an Wert gewinnt oder verliert. Es besteht also auch die Möglichkeit, mit Kreditprodukten bei einem vorzeitigen Verkauf der Forderung Verluste zu machen, ohne dass der Schuldner notwendigerweise ausfällt[7].

Ausgehend vom Merton-Modell gab und gibt es in der Literatur viele Ansätze zur Verallgemeinerung der involvierten Annahmen. Beispielsweise wurden erweiterte Strukturen der Verpflichtungen, allgemeinere Modelle für den Firmenwertprozess oder stochastische Zinsraten eingeführt. Für detaillierte Beschreibungen dieser Ansätze verweisen wir auf Spezial-Literatur (siehe Hinweise am Ende des Kapitels), aber wir wollen hier noch eine strukturelle Verallgemeinerung diskutieren. Im Merton-Modell wurde angenommen, dass der Ausfall eintritt, wenn zum Zeitpunkt T die Höhe der Verbindlichkeiten die Aktiva des Unternehmens überschreiten. Dies ist in der Praxis aber nicht gegeben, da die Gläubiger bzw. Investoren bei Misswirtschaft des Unternehmens „die Reißleine ziehen" und auf eine sofortige Restrukturierung der Forderung, eine Reorganisation des Unternehmens oder – im schlechtesten Fall – auf eine Liquidierung des Unternehmens drängen werden. Dies kann man modellieren, indem man eine kritische Höhe L_t für den Verschuldungsgrad des Unternehmens definiert, ab dem ein Unternehmen von den Gläubigern liquidiert wird[8]. Das Standardmodell in diesem Zusammenhang wurde von Black und Cox 1976 eingeführt. Hierbei ist die einzige zusätzliche Annahme zum Merton-Modell, dass für

$$L_t = \begin{cases} K\,e^{-\gamma(T-t)} & \text{für } t < T \\ N & \text{für } t = T, \end{cases} \tag{74.8}$$

der Ausfallzeitpunkt definiert wird durch $\tau = \inf\{t \leq T : V_t < L_t\}$ (wobei $\inf \varnothing = \infty$). K und γ werden dabei so gewählt, dass $L_t \leq N\,e^{-r(T-t)}$ (vgl. Übungsaufgabe XV.1).

Auch in diesem Modell kann man die Höhe des Spreads basierend auf No-Arbitrage Argumenten berechnen. Hierzu bemerken wir, dass der diskontierte Payoff P für den Halter eines Corporate Bonds (unter der Annahme, dass keine Kosten bei der Liquidierung entstehen) gegeben ist durch

$$P = e^{-rT}\left[N\mathbf{1}_{\{\tau \geq T\}} - (N - V_T)^+ \mathbf{1}_{\{\tau \geq T\}}\right] + e^{-r\tau}\,L_\tau \mathbf{1}_{\{\tau < T\}}.$$

Dieser Payoff setzt sich also zusammen aus einer long Position in eine (digitale) Knock-Out Option mit Nominale N, die zum Knock-Out-Zeitpunkt τ eine Auszahlung in der Höhe von L_τ liefert, und einer short Position in einer Knock-Out Put Option. Die Barrier ist hierbei jeweils gegeben durch L_t.

---

[7]Ein Umstand, der maßgeblich zur Kreditkrise der Jahre 2007–200? beigetragen hat und sogar einige Investmentbanken das wirtschaftliche Überleben gekostet hat.

[8]L_t wird in der englischsprachigen Literatur üblicherweise *safety covenant* genannt.

Die Bewertung von Barrier Optionen wurde bereits in Kapitel XIII diskutiert und mit denselben Methoden kann man den Preis CP des Corporate Bonds berechnen[9].

Satz

> **Preis eines Corporate Bonds im Black-Cox-Modell.** Sei der Wert V_t eines Unternehmens wie in (74.5) und $L_t = e^{-\gamma(T-t)} N$ für $\gamma > r$. Unter der Annahme, dass $(r - \gamma - \sigma^2/2)^2 > 2(\gamma - r)\sigma^2$, ist der Preis eines Corporate Bonds CP_t zum Zeitpunkt t gegeben via
>
> $$CP_t = e^{-r(T-t)} N \left(\Phi(d_{t1}) - y_t^{2\alpha} \Phi(d_{t2})\right) + V_t \left(y_t^{1+\alpha+\xi} \Phi(d_{t3}) + y_t^{1+\alpha-\xi} \Phi(d_{t4})\right),$$
>
> (74.9)
>
> wobei
>
> $$y_t = \frac{N\, e^{-\gamma(T-t)}}{V_t}, \quad \alpha = \frac{r - \gamma - \sigma^2/2}{\sigma^2}, \quad \xi = \frac{\sqrt{(r - \gamma - \sigma^2/2)^2 - 2(\gamma - r)\sigma^2}}{\sigma^2}$$
>
> und
>
> $$d_{t1} = \frac{\log(V_t/N) + (r - \sigma^2/2)(T - t)}{\sigma\sqrt{T - t}}, \quad d_{t2} = \frac{\log(N/V_t) + (r - 2\gamma - \sigma^2/2)(T - t)}{\sigma\sqrt{T - t}},$$
>
> $$d_{t3} = \frac{\log(N/V_t) + (\xi\sigma^2 - \gamma)(T - t)}{\sigma\sqrt{T - t}}, \quad d_{t4} = \frac{\log(N/V_t) - (\xi\sigma^2 + \gamma)(T - t)}{\sigma\sqrt{T - t}}.$$

Bemerkung. *Sowohl im Merton- als auch im Black-Cox-Modell wird angenommen, dass man den Firmenwert handeln kann, was sich in der Praxis als unpraktikabel herausstellt. Dies ist auch der Hauptkritikpunkt an den Firmenwertmodellen, da im Regelfall bei einem börsennotierten Unternehmen nur der Wert des gezeichneten Kapitals (also jener Teil des Eigenkapitals, der gehandelt wird) beobachtbar ist[10]. Außerdem ist der Aktienpreis in Firmenwertmodellen als Teil des Eigenkapitals eigentlich eine Option auf die Aktiva. Somit kann der Aktienpreis wegen (74.5) und den entstehenden Abhängigkeiten selbst keiner geometrischen Brownschen Bewegung folgen[11]. In der Praxis ist es meist schwierig, die komplexen Kapital- und Covenant-Strukturen über Strukturmodelle abzubilden. Strukturmodelle kommen aber auch in kommerzieller Kredit-Software (z.B. dem KMV Paket von Moody's) zum Einsatz.*

■ 75
Intensitätsmodelle

In Firmenwertmodellen war das Kreditrisiko endogen definiert, also der Ausfallszeitpunkt τ bestimmt durch den Firmenwertprozess. Diese Annahme wollen wir nun verwerfen und den Ausfall als exogen induziertes und unvorhergesehenes Ereignis

---

[9]Hier geben wir die Formel für den Spezialfall $K = N$ an, eine allgemeinere Fassung findet man in Bielecki & Rutkowski [4], oder Black & Cox [6].

[10]Was allerdings in manchen Fällen für eine hinreichende Beschreibung des Firmenwerts ausreicht.

[11]Ein Firmenwertmodell für die Bewertung von Aktienoptionen wurde erstmals 1979 von R. Geske betrachtet und führt auf ein Bepreisungsproblem für eine Compound Option (also eine Option auf eine Option).

modellieren. Derartige Modelle werden *Intensitätsmodelle* oder *reduzierte Modelle* genannt. Wir nehmen an, dass der Markt arbitragefrei ist, und somit kann man nach dem Fundamentalsatz der Preistheorie (vgl. Abschnitt 24) den Preis jedes gehandelten Produkts als diskontierten Erwartungswert bezüglich eines risikoneutralen Wahrscheinlichkeitsmaßes $\mathbb{Q}$ ausdrücken. Die Verteilungsfunktion F_τ des Ausfallszeitpunkts τ ist unter diesem Wahrscheinlichkeitsmaß gegeben als $F_\tau(t) = \mathbb{Q}[\tau \leq t]$. Wir nehmen nun an, dass für τ eine Dichte

$$f_\tau(t) = F'_\tau(t) = \lim_{\Delta t \to 0} \frac{\mathbb{Q}[t \leq \tau < t + \Delta t]}{\Delta t},$$

existiert. Dann ist die *Ausfallsintensität* (engl. *hazard rate*) definiert durch

$$\lambda_\tau(t) := \lim_{\Delta t \to 0} \frac{\mathbb{Q}[t \leq \tau < t + \Delta t \mid \tau \geq t]}{\Delta t} = \lim_{\Delta t \to 0} \frac{1}{\Delta t} \frac{F_\tau(t + \Delta t) - F_\tau(t)}{1 - F_\tau(t)} = \frac{f_\tau(t)}{1 - F_\tau(t)}.$$

Falls $F_\tau(0) = 0$ (also das Unternehmen zum Zeitpunkt 0 noch nicht ausgefallen ist), erhält man (siehe Übungsaufgabe XV.4)

$$F_\tau(t) = 1 - e^{-\int_0^t \lambda_\tau(s)\, ds}. \tag{75.10}$$

Wir können den Ausfallzeitpunkt τ also auch beschreiben durch

$$\tau = \inf\left\{ t \geq 0 \colon \int_0^t \lambda_\tau(s)\, ds > \zeta \right\}, \tag{75.11}$$

wobei ζ eine exponentialverteilte Zufallsvariable mit Parameter 1 ist (siehe Übungsaufgabe XV.5). Damit haben wir also den Ausfallszeitpunkt exogen durch ζ festgelegt.

   Nun wenden wir uns der praktischen Bestimmung von F_τ bzw. $\lambda_\tau(t)$ zu. Da F_τ bereits die risiko-adjustierte Verteilungsfunktion des Ausfallszeitpunktes ist, können wir sie nicht aus historischen Daten schätzen[12], sondern benötigen alternative Informationen. In Kapitel XII haben wir Preise von gehandelten europäischen Optionen verwendet, um Aktienpreismodelle zu kalibrieren; hier werden wir für diese Aufgabe zunächst die bereits diskutierten Corporate Bonds verwenden[13]. Wir betrachten also einen Corporate Bond mit Laufzeit T und Nominale N und nehmen der Einfachheit halber an, dass die Verwertungsrate $\delta = 0$ ist. Dann ist dessen Preis CP zum Ausgabezeitpunkt gegeben als

$$\mathrm{CP} = \mathbb{E}^{\mathbb{Q}}[e^{-rT} N \mathbf{1}_{\{\tau > T\}}] = N\, e^{-rT}\, \mathbb{Q}\left[\int_0^t \lambda(s)\, ds \leq \zeta \right] = N\, e^{-rT}\, e^{-\int_0^T \lambda(s)\, ds}. \tag{75.12}$$

Da CP am Markt beobachtbar ist, erhalten wir

$$\int_0^T \lambda(s)\, ds = -\log(\mathrm{CP}/N) - rT.$$

---

[12]Zumindest kann die historische Wahrscheinlichkeit nicht direkt verwendet werden.
[13]In Abschnitt 76 werden wir weitere gehandelte Kreditprodukte diskutieren, die dann ebenfalls zur Kalibrierung verwendet werden können.

Im Hinblick auf (72.4) entspricht also bei konstanter Ausfallsintensität $\lambda(t) \equiv \lambda$ dieses λ gerade dem Spread des Corporate Bonds[14].

Am Markt gehandelt wird nun nicht nur ein einzelner Corporate Bond, sondern mehrere mit unterschiedlichen Laufzeiten, womit man (analog zur Diskussion in Kapitel I) eine zeitabhängige Kurve (engl. *term structure*) für die Ausfallswahrscheinlichkeit erhält. Aus der Preisformel (75.12) sehen wir außerdem, dass CP genau dem Preis eines „normalen" Bonds mit der Short Rate $r + \lambda(t)$ entspricht. Darüber hinaus stellen wir fest, dass der Preisverlauf eines Corporate Bonds mit deterministischer Intensität ebenfalls deterministisch ist (zumindest bis zum Ausfall des Schuldners), was in der Praxis natürlich nicht gegeben ist (hier wird dann gerade das Spread-Risiko vernachlässigt). Daher ist man dazu übergegangen, die Intensität stochastisch zu wählen. Wir nehmen also an, dass $\lambda(t)$ einem stochastischen Prozess folgt, der unabhängig von der Zufallsvariable ζ ist. Dann gilt für den Preis CP_t eines Corporate Bonds zum Zeitpunkt t

$$CP_t = N \, e^{-r(T-t)} \, \mathbb{E}^{\mathbb{Q}}\left[e^{- \int_t^T \lambda(s) \, ds} \right]. \tag{75.13}$$

Damit ist in unserem Intensitätsmodell nun auch ein Spread-Risiko inkludiert. Aus (75.13) sehen wir, dass sich hier CP auf analoge Weise ergibt wie der Preis eines Bonds mit stochastischer Short Rate und somit in diesem Modell dieselben Bepreisungsalgorithmen verwendet werden können wie für Zinsprodukte in Short-Rate-Modellen. Daher werden in der Praxis vor allem bereits gut untersuchte Short-Rate-Modelle zur Modellierung von $\lambda(t)$ verwendet (vgl. Kapitel IX). Zu modellieren ist dann zusätzlich noch die Verwertungsrate, was häufig ebenfalls über eine exogene Zufallsvariable geschieht.

Bemerkung. *Ein großer Kritikpunkt der Intensitätsmodelle ist, dass sie bei börsennotierten Unternehmen weder die Information über die Aktienpreisentwicklung noch die damit verbundene potenzielle Hedge-Möglichkeit mit Aktien des Unternehmens berücksichtigen, weswegen in jüngster Zeit so genannte hybride Modelle entwickelt wurden, in denen der Aktienpreis als eine erklärende Variable für λ eingeht. Zusätzlich hängt bei Intensitätsmodellen der Preis auch wesentlich von der realitätsnahen Modellierung der Verwertungsrate δ ab, die oft nicht einfach ist.*

■ 76
Kreditrisikoderivate und Abhängigkeiten

Bis jetzt haben wir nur direkt Kredite (in Form von klassischen bzw. Corporate Bonds) betrachtet. Da Banken und Investoren daran interessiert sind, ihr Risiko möglichst gut zu managen, wurden Derivate auf Kreditrisiken entworfen, deren Handelsvolumen vor allem in den Jahren zwischen 2003 und 2007 rasant zunahm. In den meisten Fällen werden diese nicht an Börsen, sondern OTC gehandelt, wodurch eine Regulierung des Marktes quasi nicht stattfindet. Das am weitesten verbreitete Derivat

---

[14]Wir können $\lambda(t)$ also, ähnlich wie die momentane Short Rate $r(t)$ bei Zinsmodellen, als momentane Spreadrate interpretieren.

ist ein *Credit Default Swap (CDS)*[15] und kann beschrieben werden als Versicherung gegen den Ausfall einer Referenz-Einheit (beispielsweise eines Corporate Bonds). Stellen wir uns zur Illustration folgende Situation vor (siehe Abb. 76.1): Ein Investor A hält einen Corporate Bond eines Unternehmens C und ist somit dem Risiko des Ausfalls von C ausgesetzt. Nun möchte er sich gegen dieses Risiko versichern und schließt dazu mit einer dritten Partei B (meistens einer Bank) folgenden Vertrag ab: A verpflichtet sich, bis zu einem Zeitpunkt T – solange C nicht ausfällt – fixe periodische Zahlungen der Höhe s (*CDS Prämie* oder auch *credit default spread* genannt) an B zu leisten. Im Gegenzug zahlt B bei einem Ausfall von C einen vereinbarten (größeren) Betrag an A[16]. Das heißt also, dass B nur Zahlungen zu leisten hat, falls C ausfällt. Üblicherweise wird s wie auch bei Zinsswaps in Basispunkten der Nominale quotiert und so gewählt, dass der Preis des Vertrages zu Beginn 0 ist. Eine Variante des CDS ist die *Credit Default Option*, bei deren Grundausführung A (statt periodischer Zahlungen wie beim CDS) zu Beginn eine Einmalzahlung tätigt („die Option auf Ausfallszahlung kauft"), während B im Ausfallsfall wieder eine Zahlung an A leistet.

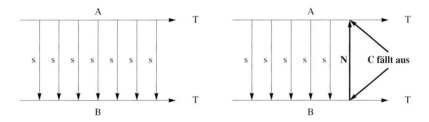

Abb. 76.1. Der Cashflow zwischen den beiden Parteien eines amerikanischen CDS, wenn die Referenzeinheit C nicht (links) bzw. schon (rechts) ausfällt.

Es gibt auch die Möglichkeit, CDSs auf ein Portfolio von Krediten abzuschließen: Bisher haben wir nur Produkte und Modelle betrachtet, denen ein einziges Kreditrisiko unterliegt. Eine Bank hat allerdings nicht nur einen Schuldner, sondern hält typischerweise ein Portfolio aus kreditsensitiven Verträgen mit unterschiedlichen Schuldnern[17]. Eine entscheidende Frage ist nun die adäquate Modellierung von Abhängigkeiten von Ausfällen. Ein anderes Risiko, für das Abhängigkeiten eine entscheidende Rolle spielen, ist das so genannte *Counterparty-Risiko*. Hierbei handelt es sich um das Risiko, dass der Vertragspartner (z.B. der Verkäufer eines CDS) zum Fälligkeitszeitpunkt (z.B. wenn die Referenzeinheit bei einem CDS ausfällt) nicht in der Lage ist, die versprochenen Zahlungen zu leisten. Eine erste Möglichkeit hierfür wäre, in Firmenwertmodellen eine mehrdimensionale Brownsche Bewegung mit positiven Korrelationen zu betrachten. Allerdings ist diese Methode fragwürdig, da Ausfälle selbst bei sehr großen Korrelationskoeffizienten relativ schwach abhängig sind und vor allem sog. *Armageddon-Szenarien*, in denen sehr viele Ausfälle quasi gleichzeitig auftreten, nicht modelliert werden können (wie

---

[15] Das weltweit durch CDS besicherte Kapital wurde von der ISDA Ende 2007 auf rund 65 Billionen USD (das ist eine Zahl mit 12 Nullen) geschätzt.

[16] Je nach Kontrakt-Spezifikation sofort bei Ausfall (amerikanischer Typ) oder am Ende der ursprünglich vereinbarten Laufzeit (europäischer Typ).

[17] Der bekannteste diesbezügliche Index in Europa ist der iTraxx Europe, der aus 125 Unternehmen im Investmentgrad besteht, siehe www.indexco.com.

die jüngsten Entwicklungen zeigen, ist durch die starke Vernetzung der modernen Finanzmärkte eine solche Modellierung aber unerlässlich!). Gängige Kreditrisikomodelle wie *KMV* von Moody's, *CreditMetrics* von JPMorgan, *CreditRisk⁺* von CreditSuisse, oder Intensitätsmodelle wie das *Duffie-Singleton-Modell*, verwenden auf Grund ihrer verschiedenen Strukturen auch unterschiedliche Methoden, auf die wir hier nicht näher eingehen können[18].

Wir wollen stattdessen noch kurz weitere Kreditderivate diskutieren, die im Umfeld der Kreditkrise unter starke Kritik gekommen sind: die sog. *Asset Backed Securities (ABS)*. Diese sind Verbriefungen von besicherten Krediten wie beispielsweise Hypotheken (engl. *Mortgage Backed Securities (MBS)*) oder verschiedener Kreditforderungen, wie etwa Krediten, Bonds, Mezzanine-Loans (engl. *Collateralized Debt Obligations (CDO)*). Hierbei wird ein nach bestimmten Regeln zusammengefasstes Portfolio aus Krediten durch ein speziell dafür gegründetes *Special Purpose Vehicle (SPV)* aufgekauft. Das SPV verbrieft dann die Forderungen gegenüber den Schuldnern und verkauft diese (risikobehafteten) Auszahlungen als verzinsliche Wertpapiere am Finanzmarkt an Investoren. Dadurch kann also die Bank, die das Kreditportfolio hält, gezielt Kredite am Finanzmarkt verkaufen und somit aktiv Portfoliosteuerung betreiben. Das entscheidende Merkmal der Wertpapiere ist deren Rating. Um nun ein eher riskantes Portfolio dennoch für Investoren attraktiv zu machen, strukturiert das SPV die Wertpapiere in verschiedene *Tranchen* (z.B. *senior, mezzanine, junior*), denen eine Auszahlungsreihenfolge (engl. *waterfall*) zugeordnet wird. Die Auszahlungsreihenfolge ist im Detail sehr unterschiedlich geregelt, aber grundsätzlich werden von den Einnahmen durch Zins- und Rückzahlungen zunächst die Forderungen der *senior* Tranche, anschließend jene der *mezzanine* Tranche getilgt usw. Das heißt also etwa, dass der Bond der *senior* Tranche nur ausfällt, wenn mehr als 25 % der Schuldner ausfallen, jener der *mezzanine* Tranche nur, wenn mehr als 15 % ausfallen etc. (vgl. Abb. 76.2). Dieser Vorgang wird als *Credit Enhancement* bezeichnet und erlaubt es, dass die *senior* Tranche zum Beispiel ein AAA-Rating erhält, obwohl das gesamte Portfolio nur mit B geratet würde. Natürlich sind die Spreads für die *junior* Tranches höher als jene für die sichereren Tranches.

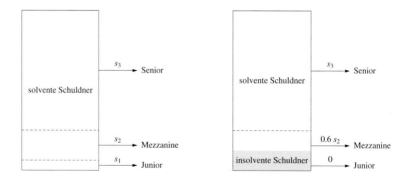

Abb. 76.2. Schematische Darstellung des Cashflows eines einfachen CDOs mit nur 3 Tranchen ohne Ausfall (links) und nachdem ein Teil der Schuldner (grau unterlegt) ausgefallen ist (rechts). Im zweiten Fall erhält die Junior-Tranche keine Zahlungen mehr, die Mezzanine-Tranche noch 60 % der ihr zustehenden Forderung, während die Senior-Tranche 100 % der Forderung erhält.

---

[18]Die Modellierung von Ausfallsrisiken ist ein aktives Forschungsgebiet. Siehe auch die Literaturhinweise am Ende des Kapitels.

Wie bereits erwähnt, stehen derartige Produkte trotz (oder gerade wegen) ihres enormen Handelsvolumens in der Zeit vor der Kreditkrise in heftiger Kritik[19]. Der Grund ist ihre Komplexität und Sensitivität auf verschiedenste Arten von Risiko. Wenn beispielsweise, wie in den USA geschehen, die Immobilienpreise fallen, beeinflusst dies den Wert des MBS negativ, da die erwartete Verwertungsrate sinkt. Steigt das Kreditrisiko des Wertpapiers langfristig, kann dies zu einem Down-Grading des Ratings führen, was den Preis der Tranche meist weiter senkt. So kann es wegen der engen Vernetzung der Märkte dann zu Kettenreaktionen kommen (wie etwa im Jahr 2007 bzw. 2008 beobachtet werden konnte). Es wird eine der großen zukünftigen Aufgaben der Finanzmathematik sein, die detaillierte quantitative Modellierung der Abhängigkeit der verschiedenen Risiken weiterzuentwickeln.

■ 77
Literaturhinweise und Übungsaufgaben

Merton führte 1974 die Bewertung von Corporate Bonds mittels Firmenwertmodellen in [49] ein und Black & Cox diskutierten 1976 das Modell mit safety covenants [6]. Für eine genauere Diskussion der Eigenschaften von Firmenwertmodellen und deren Zusammenhang mit dem Bepreisen von Aktienoptionen verweisen wir auf Hanke [32] . Bluhm, Overbeck & Wagner [8] und Bielecki & Rutkowski [4] geben einen detaillierten Überblick über Kreditrisikomodellierung.

Übungsaufgaben

XV.1. *Zeigen Sie sowohl mit No-Arbitrage-Argumenten als auch durch Verwendung von Formel (74.9), dass $s = 0$, falls $L_t = N\,e^{-r(T-t)}$ für $0 \le t \le T$.*

XV.2. *Zeigen Sie, dass der Preis eines Corporate Bonds im Black-Cox-Modell für $\gamma \to \infty$ gegen den Preis im Merton-Modell konvergiert.*

XV.3. *Verwenden Sie den Satz über die Verteilung der ersten Passier-Zeit einer Brownschen Bewegung von S. 124, um die Gültigkeit von (74.9) zu zeigen.*

XV.4. *Zeigen Sie die Gültigkeit von (75.10).*

XV.5. *Zeigen Sie, dass die durch (75.11) definierte Zufallsvariable die Verteilungsfunktion $F_\tau(t)$ besitzt.*

XV.6. *Eine weitere Variante eines CDS ist die* credit linked note, *bei der die potenzielle Ausfallszahlung von B bereits zu Beginn des Kontrakts getätigt wird und somit Partei A keinen Ausfall von B befürchten muss (es handelt sich also um einen „verbrieften CDS"). Zeigen Sie, wie eine* credit linked note *einfach mit Hilfe einer Kombination von CDS und eines Bonds gebildet werden kann.*

---

[19]Heute (Ende 2008) ist die Liquidität wesentlich geringer und es ist unklar, ob der Markt für diese Produkte nach den Turbulenzen von 2008 wieder angekurbelt werden kann bzw. soll.

Aufgaben mit UnRisk

XV.7. *Verwenden Sie das UnRisk Kommando* `MakeCreditDefaultSwapCurve`*, um aus den „Versicherungsprämien" eines Credit Default Swaps das Ausfallsrisiko eines Schuldners zu beschreiben. Wie ändert sich die Ausfallsintenistät, wenn sich die Recovery Rate ändert? (Hinweis:* `HazardRates`*.)*

Literaturverzeichnis

[1] J. Andreasen, B. Jensen, and R. Poulsen. Eight valuation methods in financial mathematics: The Black-Scholes formula as an example. *Mathematical Scientist*, 23(1):18–40, 1998.

[2] S. Asmussen and P. W. Glynn. *Stochastic simulation: algorithms and analysis*. Springer-Verlag, New York, 2007.

[3] M. Baxter and A. Rennie. *Financial Calculus: An Introduction to Derivative Pricing*. Cambridge University Press, 1996.

[4] T. R. Bielecki and M. Rutkowski. *Credit risk: modelling, valuation and hedging*. Springer Finance. Springer-Verlag, Berlin, 2002.

[5] A. Binder and A. Schatz. Finite elements and streamline diffusion for the pricing of structured financial instruments. In P. Wilmott, editor, *The Best of Wilmott 2*, pages 351–363, Chichester, 2006. John Wiley and Sons.

[6] F. Black and J. Cox. Valuing corporate securities: some effects of bond indenture provisions. *Journal of Finance*, 31:351–367, 1976.

[7] F. Black and M. Scholes. The pricing of options and corporate liabilities. *Journal of Political Economy*, 81:637–654, 1973.

[8] C. Bluhm, L. Overbeck, and C. Wagner. *An introduction to credit risk modeling*. Chapman & Hall. Boca Raton, FL, 2003.

[9] A. Brace, D. Gatarek, and M. Musiela. The market model of interest rate dynamics. *Mathematical Finance*, 7:127–155, 1997.

[10] D. Brigo and F. Mercurio. *Interest rate models — theory and practice. 2nd edition*. Springer Finance. Springer-Verlag, Berlin, 2006.

[11] M. Capinski and T. Zastawniak. *Mathematics for Finance: An Introduction to Financial Engineering*. Springer-Verlag, London, 2003.

[12] P. Carr and D. Madan. Option valuation using the Fast Fourier Transform. *Journal of Computational Finance*, 2:61–73, 1998.

[13] R. Cont and P. Tankov. *Financial Modelling with Jump Processes*. Chapman and Hall, Boca Raton, CA, 2003.

[14] R.-A. Dana and M. Jeanblanc. *Financial markets in continuous time.* Springer Finance. Springer-Verlag, Berlin, 2003.

[15] F. Delbaen and W. Schachermayer. *The mathematics of arbitrage.* Springer Finance. Springer-Verlag, Berlin, 2006.

[16] E. Derman and I. Kani. Riding on a smile. *RISK*, 7:32–39, 1994.

[17] M. Drmota and R. Tichy. *Sequences, Discrepancies and Applications*, volume 1651 of *Lecture Notes in Mathematics.* Springer-Verlag, New York, Berlin, Heidelberg, Tokyo, 1997.

[18] D. Duffie. *Dynamic Asset Price Theory. 2nd edition.* Princeton University Press, 1996.

[19] B. Dupire. Pricing with a smile. *RISK*, 7:18–20, 1994.

[20] H. Egger and H. W. Engl. Tikhonov regularization applied to the inverse problem of option pricing: Convergence analysis and rates. *Inverse Problems*, 21:1027–1045, 2005.

[21] R. J. Elliott and E. P. Kopp. *Mathematics of Financial Markets.* Springer-Verlag, Berlin, 2004.

[22] H. Engl. *Integralgleichungen.* Springer-Verlag, Wien New York, 1997.

[23] H. Engl, M. Hanke, and A. Neubauer. *Regularization of Inverse Problems. 2nd edition.* Kluwer, Dordrecht, 1996.

[24] H. W. Engl. Calibration problems – an inverse problem view. *WILMOTT Magazine*, pages 16–20, 2007.

[25] E. Fernholz. *Stochastic Portfolio Theory.* Springer-Verlag, New York, 2002.

[26] D. Filipovic: *Term-structure Models: A Graduate Course.* Springer-Finance, Berlin, 2009.

[27] H. Föllmer and A. Schied. *Stochastic finance: an introduction in discrete time.* Walter de Gruyter & Co., Berlin, 2004.

[28] J.-P. Fouque, G. Papanicolaou, and K. R. Sircar. *Derivatives in Financial Markets with Stochastic Volatility.* Cambridge University Press, 2000.

[29] G. Fusai and A. Roncoroni. *Implementing models in quantitative finance: methods and cases.* Springer Finance. Springer-Verlag, Berlin, 2008.

[30] H. Garman and S. Kohlhagen. Foreign currency options values. *Journal of International Money and Finance*, 2:231–237, 1983.

[31] P. Glasserman. *Monte Carlo methods in financial engineering.* Springer-Verlag, New York, 2004.

[32] M. Hanke. *Credit Risk, Capital Strucutre, and the Pricing of Equity Options.* Springer-Verlag, Wien, 2003.

[33] S. Heston. A closed-form solution for options with stochastic volatility with applications to bond and currency options. *Review of Financial Studies*, 6:327–343, 1993.

[34] J. Hull. *Options, Futures and other Derivatives. 5th edition.* Prentice Hall, London, 2002.

[35] J. Hull and A. White. Numerical procedures for implementing term structure models II: Two-factor models. *Journal of Derivatives*, pages 37–48, 1994.

[36] J. Hull and A. White. Using Hull-White interest rate trees. *Journal of Derivatives*, 3:26–36, 1996.

[37] B. Kaltenbacher, A. Neubauer, and O. Scherzer. *Iterative Regularization Methods for Nonlinear Ill-Posed Problems.* Radon Series on Computational and Applied Mathematics. de Gruyter, Berlin, 2008.

[38] I. Karatzas and S. E. Shreve. *Brownian Motion and Stochastic Calculus.* Springer-Verlag, Berlin, 1998.

[39] I. Karatzas and S. E. Shreve. *Methods of mathematical finance.* Springer-Verlag, New York, 1998.

[40] G. Kersting and A. Wakolbinger. *Elementare Stochastik.* Mathematik Kompakt. Birkhäuser Verlag, Basel, 2008.

[41] R. Korn and E. Korn. *Optionsbewertung und Portfolio-Optimierung.* Vieweg, Braunschweig, 1999.

[42] D. Lamberton and B. Lapeyre. *Introduction to stochastic calculus applied to finance. 2nd Edition.* Chapman & Hall/CRC, Boca Raton, FL, 2008.

[43] R. Lee. Option pricing by transform methods: Extensions, unification and error control. *Journal of Computational Finance*, 7:51–86, 2004.

[44] A. L. Lewis. *Option Valuation under Stochastic Volatility.* Finance Press, Newport Beach, CA, 2000.

[45] F. A. Longstaff and E. A. Schwartz. Valuing American options by simulation: a simple least-squares approach. *Rev. Financial Stud.*, 14:113–147, 2001.

[46] R. Lord and C. Kahl. Optimal Fourier inversion in semi-analytical option pricing. *Journal of Computational Finance*, 10:1–30, 2007.

[47] D. Luenberger. *Investment science.* Oxford University Press, 1997.

[48] R. Merton. Theory of rational option pricing. *Bell Journal of Economics and Management Science*, 4:141–183, 1973.

[49] R. Merton. The pricing of corporate debt: The risk structure of interest rates. *Journal of Finance*, 29:449–470, 1974.

[50] H. Niederreiter. *Random number generation and Quasi-Monte Carlo methods.* Society for Industrial and Applied Mathematics (SIAM), Philadelphia, PA, 1992.

[51] B. Øksendal. *Stochastic Differential Equations: An Introduction with Applications.* Springer-Verlag, Berlin, 2007.

[52] G. Pflug and W. Römisch. *Modelling, Measuring and Managing Risk.* World Scientific, Singapore, 2007.

[53] E. Platen and D. Heath. *A benchmark approach to quantitative finance.* Springer Finance. Springer-Verlag, Berlin, 2006.

[54] R. Rebonato. *Modern Pricing of Interest-Rate Derivatives: The LIBOR Market Model and Beyond.* Princeton University Press, 2002.

[55] L. C. G. Rogers and D. Williams. *Diffusions, Markov processes, and martingales. Vol. 1.* Cambridge University Press, 1994.

[56] H.-G. Roos, M. Stynes, and L. Tobiska. *Numerical Mehods for Singularly Perturbed Differential Equations – Convection-Diffusion and Flow Problems.* 1996.

[57] W. Schachermayer and J. Teichmann. Wie K. Itô den stochastischen Kalkuel revolutionierte. *Internationale Mathematische Nachrichten*, 205:11–22, 2007.

[58] W. Schoutens. *Lévy Processes in Finance.* Wiley, New York, 2003.

[59] S. E. Shreve. *Stochastic Calculus for Finance I: The Binomial Asset Pricing Model.* Springer-Verlag, Berlin, 2005.

[60] S. E. Shreve. *Stochastic Calculus for Finance II: Continuous Time Models.* Springer-Verlag, Berlin, 2008.

[61] J. Topper. *Financial engineering with finite elements.* John Wiley and Sons, Chichester, 2005.

[62] A. Whalley and P. Wilmott. Hedge with an edge. *Risk Magazine*, 7(10):82–85, 1994.

[63] P. Wilmott. *Quantitative Finance.* John Wiley and Sons, Chichester, 2007.

[64] W. Zulehner. *Numerische Mathematik: eine Einführung anhand von Differentialgleichungsproblemen. Band 1. Stationäre Probleme.* Mathematik Kompakt. Birkhäuser Verlag, Basel, 2008.

Index

MATHEMATIK KOMPAKT

Numerische Mathematik

**Eine Einführung anhand von
Differentialgleichungsproblemen;
Band 2: Instationäre Probleme**

Zulehner, W., Universität Linz

Zulehner, W.,
Numerische Mathematik
Eine Einführung anhand
von Differentialgleichungs-
problemen;
Band 2: Instationäre Probleme
2009. Etwa 150 S. Brosch.
ISBN 978-3-7643-8428-9
MAKO — Mathematik Kompakt

Erscheint im Sommer 2009

‚Numerische Mathematik', aufgeteilt in zwei Bände, ist eine
Einführung in die Numerische Mathematik anhand von
Differentialgleichungsproblemen. Gegliedert nach elliptischen,
parabolischen und hyperbolischen Differentialgleichungen wird
zunächst jeweils die Diskretisierung solcher Probleme besprochen. Als
Diskretisierungstechniken stehen Finite-Elemente-Methoden im Raum
und (partitionierte) Runge-Kutta-Methoden in der Zeit im Vordergrund.
Die diskretisierten Gleichungen dienen als Motivation zur Diskussion von
Methoden für endlichdimensionale lineare und nichtlineare Gleichungen,
die anschließend als eigenständige Themen behandelt werden. Auf diese
Weise wird versucht, nicht nur ein einführendes sondern auch ein in sich
abgeschlossenes Bild der Numerischen Mathematik, zumindest in einem
zentralen Aufgabenbereich, zu vermitteln.

Aus dem Inhalt
Anfangsrandwertprobleme parabolischer Differentialgleichungen.-
Semidiskretisierung.- Runge-Kutta-Verfahren für
Anfangswertprobleme.- Anfangsrandwertprobleme hyperbolischer
Differentialgleichungen.- Runge-Kutta-Verfahren für
Differentialgleichungen 2. Ordnung.- Partitionierte Runge-Kutta-
Verfahren.

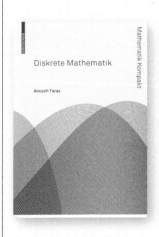

MATHEMATIK KOMPAKT

Diskrete Mathematik

Taraz, A., Technische Universität München

Taraz, A.
Diskrete Mathematik
2009. Etwa 150 S. Brosch.
ISBN 978-3-7643-8898-0
MAKO – Mathematik Kompakt

Erscheint im Sommer 2009

Dieses Buch führt kompakt in einige Kerngebiete der Diskreten Mathematik ein. Es behandelt grundlegende Konzepte aus der Kombinatorik und der Graphentheorie. Darüber hinaus fokussiert es einerseits auf thematische Einheiten wie endliche Geometrien und Ramseytheorie sowie andererseits auf methodische Schwerpunkte wie probabilistische und algebraische Techniken. So wird den Lesenden klar, dass die Diskrete Mathematik eine spannende Disziplin mit eigenen Fragestellungen ist, die zahlreiche interessante Bezüge zu den klassischen Anfängervorlesungen hat. Dieses Buch stellt das Fachgebiet in idealer Tiefe für eine zwei- bis vierstündige Lehrveranstaltung dar.

Aus dem Inhalt:
1. Grundlagen.- 2. Zählen.- 3. Relationale Strukturen.- 4. Endliche Geometrien und Kodierungstheorie.- 5. Ramseytheorie.- 6. Probabilistische Methoden.- 7. Algebraische Methoden.- 8. Bijektionen.

Printed in the United States
By Bookmasters